中公新書 2807

上野貴弘著

グリーン戦争——気候変動の国際政治

中央公論新社刊

はじめに

パリ協定の誕生と最初の試練

２０１５年12月12日、フランスの首都パリの郊外で開催されていたＣＯＰ21の本会議場には、緊張感が漂っていた。ＣＯＰとは、冷戦終了直後の１９９２年に合意された国連気候変動枠組条約の締約国会議のことで、その21回目の会議で、「パリ協定」が採択されようとしていたのである。パリ協定は、温室効果ガスの排出削減を１９５の締約国（２０２３年末時点）で進める歴史的な新条約だ。本会議にかけられた協定案は、３年もの時間をかけて交渉したもので、様々な国の意見をバランスよく反映し、この期に及んで反対する国はないと思われていた。しかし、交渉のルール上、一ヵ国でも反対すれば協定は採択できず、これまでの努力が水泡に帰すおそれがあった。実際、２００９年のＣＯＰ15では、最後の本会議で合意の採択に失敗している。

ＣＯＰ21の議長国フランスは議事を慎重に進め、ついにその時を迎えた。

「この会議場を見渡しても、雰囲気は前向きだ。反対意見はない。パリ協定は合意された！」

議長を務めたファビウス仏外相はそう宣言し、会議のロゴがあしらわれた木槌をコツンと叩いた。パリ協定が採択された瞬間だ。会議場を包んでいた緊張の糸は解け、歓声がどっと湧き上がり、交渉では対立する場面が多かった国々の代表が喜びを分かち合った。会議場で採択の瞬間を見守っていた筆者も、多くの参加者と同様に感動し、周囲にいた人たちと抱き合った。力いっぱい拍手した手のひらは真っ赤に腫れていたが、その痛みさえも心地よかった。

しかし、パリ協定のその後の歩みは、決して順調ではなかった。最初の試練は、2017年6月1日に訪れた。「米国はパリ協定から脱退する」トランプ米大統領がそう宣言したのだ。トランプ氏は前年の大統領選挙中から気候変動対策に一貫して後ろ向きで、パリ協定についても態度を曖昧にしており、政権発足直後から、政権幹部が脱退派と残留派に割れる事態となった。数カ月にわたった政権内部の論争は世界中の関心を集め、トランプ大統領は、最終的に、脱退派の主張を採用した。

ただ、パリ協定の規則上、米国が正式に協定を脱退できたのは、2020年11月4日であった。その前日に行われた大統領選挙でバイデン氏が当選し、翌2021年1月20日に大統領に就任すると、その日のうちに協定への復帰を国連に通告した。米国脱退の傷跡は浅いものに留まった。

国際協調の動揺

ところが、パリ協定は再び試練の時を迎えている。米国復帰で最初の試練は去ったものの、三つの対立軸が絡み合い、国際協調が停滞しているのだ。

第一に、削減目標を巡る西側諸国と新興国の対立である。パリ協定は、世界全体の平均気温の上昇幅を産業革命以前と比べて、2℃より十分に低い水準に抑え、1・5℃以内とするよう努めるとの目標を掲げており、この達成には、温室効果ガスの排出を世界全体で大幅に減らす必要がある。そこで、バイデン大統領は、政権発足直後の2021年4月に、気候変動に関する首脳会議を主催し、自国の排出削減について、「2030年に2005年比で50〜52%削減」との目標を掲げた。米国は、他国にも2030年目標の強化を働きかけ、日本とカナダはこれに呼応した。菅義偉(すがよしひで)総理大臣が日本の2030年目標を、2013年比で26%削減から、同年比で46%削減に大幅に引き上げたのはこの時だった。既に目標を強化していたEU・英国と合わせて、西側諸国の足並みは揃(そろ)った。

ところが、排出量の増加が続く新興国の反応は鈍かった。世界最大の排出国である中国は、「2030年までに二酸化炭素排出の増加を止める」との従来目標を据え置いた。インドとブラジルは首脳会議後に目標を強化したものの、小幅な引き上げに留めた。このままでは世界全体の排出量は十分には減少せず、1・5℃はおろか、2℃以内すら達成できない。

第二に、米中対立の激化である。米中両国は、オバマ政権期の2014年11月に、気候変動に関する首脳共同声明を発表し、翌年のパリ協定採択に向けて、国際交渉を大きく前に進めた。二大排出国である米中の協調は、世界全体で対策を進める原動力となるため、バイデン政権も発足直後から、中国との協調を模索した。しかし、これまでのところ、大きな成果を生み出せていない。近年、米中は安全保障や貿易、人権を巡って対立を激化させており、気候変動だけを切り離して協調することが難しくなっているためだ。

第三に、産業と貿易を巡る米欧の対立と、EUと新興国の対立である。米国は2022年8月、「インフレ抑制法」という名の脱炭素投資法を成立させた。2031年度までの10年間で、クリーンエネルギー技術の導入に3690億ドルの政府支援を行うものである。電気自動車を中心に国産品を手厚く優遇する措置を盛り込んでおり、国内外の企業が、米国の関連産業に活発に投資している。しかし、他国から見れば、将来の成長産業を米国に吸い取られている状況であり、EUを中心に、米国への反発が強まっている。

他方、EUは同年12月に、域外からの輸入品に対して、炭素関税に類する措置を課すことを決定した。EUは域内の企業には、排出量取引制度によって炭素排出に応じたコストを課しており、輸入品へのコスト賦課によって、内外の炭素コスト差を埋めることを狙う。これに対して、中国やインドなどの新興国は、EUの措置は自由貿易のルールに反し、途上国の経済発展を妨げるとして猛反発している。

そして、この揺れ動く国際協調は、日本の針路にも深く関わる。日本政府は、脱炭素化を、企業による国内投資拡大の起爆剤と位置づけ、2032年度までの10年間で、官民合わせて、150兆円規模の投資を見込む。エネルギー面では、化石燃料の燃焼にともなう二酸化炭素の排出やその他の温室効果ガスの排出を、森林吸収などで相殺できる部分を除いて、2050年までにゼロにするとの目標を掲げ、再生可能エネルギーや原子力発電といった非化石エネルギーへの移行を急ぐ。

本書では、パリ協定時代の国際協調が、国家間の利害対立のなかで多面的かつ複雑に揺れているさまを「グリーン戦争」と捉え、その状況を、米国の脱退と復帰（第1章）、排出削減目標（第2章）、産業と貿易（第3章）、金融（第4章）、エネルギー（第5章）といった諸相に分解して描き出すことを目的とする。さらに、そのなかでの日本の役割も論じる。パリ協定の根幹は全ての国の参加を得たうえで、各国が削減目標の達成を目指すことであり、その重要性は当面、変わることはない。ところが、近年、脱炭素化の影響が、産業、貿易、金融、エネルギーなどの各分野に波及し、問題構造や対立軸が複雑化した。その結果、パリ協定を見ているだけでは、世界全体の趨勢（すうせい）を捉えきれなくなっている。そこで、本書では、パリ協定だけではなく、その周辺分野にも視野を広げ、各国の思惑やその相互関係、国際交渉の力学を丁寧に掘り下げ、この複雑な問題構造を解きほぐしていく。

最後に、終章では、第1章から5章までの議論に横串を通し、日本と世界が進むべき道を提起し、本書を締めくくる。

なお、本書は2023年末までの事実関係に基づいて執筆し、その後、校正の際に2024年4月末までの動向を反映するように努めた。また、人物の肩書きは当時のものである。

目次

第3章　グリーン貿易戦争 115

第１章

米国のパリ協定脱退と復帰

2017年６月１日、ドナルド・トランプ大統領がパリ協定の脱退を表明
出典◎Donald J. Trump Presidential Library

年	米国国内の動き
2009年	オバマ政権（民主党）の発足 連邦議会下院が排出量取引法案を可決
2010年	連邦議会上院で排出量取引法案が頓挫し、廃案に
2013年	オバマ政権第２期開始 オバマ大統領「気候行動計画」発表
2015年	オバマ政権「クリーン電力計画」を最終決定
2016年	連邦最高裁がクリーン電力計画の執行停止命令 トランプ氏が選挙戦で「パリ協定をキャンセル」発言
2017年	トランプ政権（共和党）の発足 政権内部のパリ協定脱退派と残留派の対立 トランプ大統領のパリ協定脱退表明
2020年	米国、パリ協定からの正式脱退
2021年	バイデン政権（民主党）の発足 パリ協定復帰 気候首脳サミットの主催と2030年目標の提出 マンチン上院議員（民主党）が脱炭素投資支援の法案への反対を表明
2022年	連邦最高裁がオバマ政権の「クリーン電力計画」を大気浄化法違反とする判決 マンチン上院議員の賛成を得て、「インフレ抑制法」が成立
2024年	バイデン政権が発電所の排出規制及び自動車の排出基準を決定

「米国とその国民を守るという厳粛な義務を果たすべく、米国はパリ協定から脱退する」

２０１７年６月１日、ドナルド・トランプ大統領は世界中にウェブ配信される会見のなかで、こう宣言した。そして今、トランプ氏は２０２４年の大統領選挙への出馬を表明し、共和党の最有力候補となっている。

米国にまた梯子（はしご）を外される――。

歴史を振り返れば２００１年３月、ジョージ・Ｗ・ブッシュ大統領は１９９７年に合意した京都議定書に反対すると表明した。２０１７年６月、今度はトランプ大統領がパリ協定から脱退すると発表した。民主党のジョー・バイデン大統領のもとでパリ協定に復帰したものの、共和党政権になれば、また脱退してしまうのではないか。２０２４年の大統領選挙を前にして、こうした猜疑心（さいぎしん）が関係者の間で膨らみつつある。

日本は同盟国として、揺れ動く米国に関与しなければならず、米国がどこに向かうのかは重大な関心事である。本章では、共和党のトランプ大統領による協定脱退、民主党のバイデン大統領による協定復帰、２０２４年の大統領選挙を題材として、米国が気候変動問題を巡って揺れ動くさまを描き出したうえで、米国とどう付き合えばよいのかを論じる。重要になるのは、バイデン政権期の２０２２年に成立した「インフレ抑制法」である。その影響を論じる前に、まずは、トランプ大統領によるパリ協定脱退を振り返ろう。

1 トランプ大統領の協定脱退

「キャンセル」の真意

「パリ協定をキャンセルする」

2016年5月、大統領選に向けた共和党の予備選挙を勝ち上がったトランプ氏は、ノースダコタ州で開催された石油関係の会議で講演し、こう発言した。当時、ノースダコタ州はシェール革命で原油と天然ガスの生産が急増し、経済が活況を呈していた。化石燃料の恩恵を強く受け、脱炭素には熱心とはいえない地域である。トランプ氏は、民主党のオバマ政権の気候変動対策を「化石燃料産業を阻害して、雇用を破壊するもの」と全否定したうえで、パリ協定を「外国の官僚に米国のエネルギー利用をコントロールさせるもの」と特徴づけ、これをキャンセルするとした。「キャンセル」の意味合いはやや曖昧ではあるものの、パリ協定脱退を公約したものと受け止められた。

その後の選挙戦では、オバマ政権による国内の排出規制には否定的な姿勢を取り続けた一方で、パリ協定については「キャンセル」以上に踏み込んだ発言をしなかった。そして、同年11月8日の大統領選挙で当選。すると、米国のみならず、海外でも、トランプ氏が大統領就任後にパリ協定から本当に脱退するのか、つまり「キャンセル」の真意は何であるのかに関心が集まった。

実は当選後のトランプ氏は、態度を明らかにするのを慎重に避けていた。当選から2週間後に行われたニューヨークタイムズ紙とのインタビューでは、「パリ協定にどのようにアプローチするのか」と問われ、「これから見てみるつもりだ」とはぐらかした。翌12月のフォックスニュースとのインタビューでは「パリ協定から脱退するのか」との質問に対し、「いま検討しているところだ」と断ったうえで、「パリ協定が他国との（経済的な）競争上の不利にならないようにしたい。（中略）中国や他の署名国に、米国に対する優位性を与えないようにしたい」と回答した。脱退を明言せず、むしろ残留の可能性を匂わせる言いぶりだったのだ。

興味深いのは、長女イヴァンカ・トランプ氏が、父の当選から約1カ月後に、元副大統領のアル・ゴア氏と会談したことである。ゴア氏は、民主党のクリントン政権で副大統領を務め、1997年の京都議定書採択に深く関わった。気候変動対策に熱心であることで知られ、2006年に公開されたドキュメンタリー映画『不都合な真実』で、気候変動対策が切迫した課題であると訴え、2007年にノーベル平和賞を受賞したことでも有名だ。会談後、ゴア氏は「共通点を誠実に探りあった」とコメントした。今から思えば、ゴア氏とトランプ氏に気候変動対策で共通点があるとは考えにくい。しかし、当時は、それを探ることが全くの無意味とまでは言えないほど、流動的な雰囲気であった。

トランプ氏が気候変動対策に後ろ向きなのは疑いようがない。他方、パリ協定についてはキャンセルと言いつつも、あえて真意を明かさない話しぶりである。不満があるのは協定そのものよりも、中国を経済的に利する側面かもしれない。条件次第では残留するかもしれないし、結局、脱退するかもしれない。少なくとも状況は確定的ではない。トランプ氏が2017年1月20日に大統領に就任した当時、多くの関係者は、「キャンセル」の真意をこのように分析していた。

脱退派 vs 残留派

トランプ大統領が真意を明かさない裏で、発足直後の政権内部では、協定残留派と協定脱退派の間で対立があった。その状況は、政権発足から2カ月弱が経過した2017年3月中旬から頻繁に報道されるようになった。

最初に明らかになったのは、残留派の動きである。イヴァンカ・トランプ大統領補佐官、ジャレッド・クシュナー大統領上級顧問、ゲーリー・コーン国家経済会議委員長、レックス・ティラーソン国務長官といった政権幹部はパリ協定残留を支持していた。ただし、無条件での残留ではなく、オバマ政権が掲げた2025年の排出削減目標（2005年比で26～28％削減）を撤回したうえで、他国から化石燃料の優遇に関する譲歩を引き出すという2点を条件とした。

パリ協定では、各国は削減目標を自ら設定することになっているため（詳しくは第2章を参照）、米国は他国の同意を得ることなく、自国の裁量で目標を撤回できる。したがって、一つ目の条件の実現は難しくはなかった。他方、化石燃料の優遇ついては、米国の具体的な提案は明らかにされず、他国が応じる可能性があったのかは評価が難しい。化石燃料の効率的な利用や、炭素回収貯留（Carbon Capture and Storage：CCS）の推進であれば、日本やEUは、米国との協力に同意できたかもしれない。CCSは、化石燃料の燃焼時に発生する二酸化炭素（CO_2）を回収して地中に貯留する技術であり、大気中への放出が避けられることで、化石燃料を使用しつつ、気候変動の抑制に寄与できる。

政権内部の残留派に呼応するように、気候変動対策に消極的とされる化石燃料業界の一部からも、パリ協定残留を支持する声が上がった。3月下旬には、石油メジャーのエクソンモービルが、パリ協定残留を支持する書簡をホワイトハウスに提示した。4月には、脱炭素のなかで逆風を受けている炭鉱大手クラウドピークも協定残留支持を表明した。両社とも、パリ協定に残って発言権を確保することと、CCSの重要性を残留支持の理由とした。化石燃料業界の有力企業からの支持を取り付けたことで、4月中頃には、パリ協定残留の可能性が高まったかのような雰囲気となった。

ところが、ここから脱退派の巻き返しが始まった。4月27日に関係閣僚などの会合が開催されると、スティーブ・バノン首席戦略官とスコット・プルイット環境保護庁長官が、パリ協定のもとでは排出削減目標を緩めることはできず、協定に残っていると、オバマ政権が定めた国内の排出規制を見直す際に、協定違反として環境団体から訴えられるとの法律論を提起したのだ。この説に対しては、気候変動分野に詳しい米国の法律家が真っ向から反論しており、著者もその反論の方が正しいと考える。しかし、この会合で、大統領顧問のドン・マクガーン氏がバノン首席戦略官やプルイット長官の主張に理解を示したことで、脱退派が急速に勢いづいた。大統領顧問は法律に関する問題に助言する役割を担っており、その見解が尊重されるためだ。ほぼ同時期に、石炭などの業界団体である全米炭鉱協会の理事会が協定脱退支持を議決し、化石燃料業界の意見も割れ始めた。

脱退派が勢いづくなか、トランプ大統領は5月下旬にイタリアのタオルミーナで開催されたG7サミットに向かった。サミットでは、他の参加国の首脳がトランプ大統領に協定残留を訴えたという。しかし、トランプ大統領を説得できなかった。最終日の5月27日に採択された共同声明には、「米国は気候変動とパリ協定を巡る政策を見直している最中であり、これらについての合意に加わる立場にない。（中略）カナダ・フランス・ドイツ・イタリア・日本の首脳と欧州理事会議長・欧州委員会委員長は、パリ協定を速やかに実施する」と書き込まれた。米国とそれ以外の国々との間で立場に相違があることが明白になったのだ。

ホワイトハウスでの脱退演説

サミットが終わるや否や、トランプ劇場が始まった。トランプ大統領はツイッター（現在のX）に「来週、パリ協定について最終決定を行う！」と投稿したのだ。トランプ大統領は、サミットで他国の首脳の意見を聞きながら、腹を固めていたのではないかと思われる。その4日後には、再びツイッターに「数日以内にパリ協定に関する私の決定を発表する。アメリカを再び偉大に（メイク・アメリカ・グレート・アゲイン）！」と投稿した。大統領選挙時のスローガンを持ち出したことで、当初の「キャンセル」の言葉通り、脱退を正式表明するであろうことが察せられた。そして、現地時間の5月31日夜にも、「明日の16時にホワイトハウスの庭園で発表する。アメリカを再び偉大に！」と投稿した。ツイートの連投で世間の関心を一気に集めた。

「米国とその国民を守るという厳粛な義務を果たすべく、米国はパリ協定から脱退する」6

月1日、トランプ大統領はそう発表すると、ホワイトハウスの庭園に集まった脱退派を中心とする関係者は一斉に喝采を送った。そして、大統領は協定に対する不満をいくつも並べ立てた。雇用喪失のリスク、石炭産業への悪影響、中国やインドへの不公平感、途上国支援への拠出負担などである。当時のトランプ支持者の心情をよく捉えているのが、「パリ協定は米国経済を不利な状況に追い込み、そうすることで外国やグローバルな活動家の賞賛を得た。彼らは米国を犠牲にして富を得ようとし、米国を第一としない。私は第一とする」とのくだりだ。トランプ大統領のもう一つのスローガンである「米国第一（アメリカ・ファースト）」を踏襲した。

トランプ大統領はパリ協定への批判や不満を繰り返しつつ、微妙なニュアンスも残した。「脱退する」とした直後に、「しかし、パリ協定、または米国にとって公平な条件での全く新しい取り決めに再加入するための交渉を開始する」と述べたのだ。政権内部の残留派に配慮を示したのだろう。

ただ、真剣に合意を目指す意図があるのかどうかは疑わしかった。なぜなら、交渉で何を求めるのかを具体的に示さなかったうえ、「公平な合意をできるかを見ていく。できるなら、素晴らしい。できないのなら、それでも構わない」と突き放したためだ。しかも、本来の交渉相手は他国であるにもかかわらず、「民主党の指導部と交渉する」とお門違い（かどちがい）な発言もしていた。
こうして、数カ月に及んだ騒動は、トランプ大統領による脱退表明で終結した。

脱退ドミノ倒しの懸念

米国の脱退で懸念されたのは、他国が次々と追随して、国際協調が瓦解するのではないかということであった。というのも、気候変動問題はドミノ倒しが起こりやすい構造になっているからだ。

たとえば、ある国からの温室効果ガスの排出は、その国だけに気候変動をもたらすのではなく、世界全体の気候に影響を及ぼす。同様に、その国の排出削減による気候変動抑制の便益も、その国だけではなく、世界全体で享受される。裏を返せば、自国は削減努力を全くせずとも、他国の努力の効果に「ただ乗り」できてしまうので、国際協調から離脱する誘因が働きやすいのだ。

また、他国が削減努力を怠るなかで自国だけがコストを払って削減すれば、自国製品の価格が一方的に上昇する。そうなると、国内市場では輸入品に対する競争力が損なわれ、海外市場でも他国製品より不利になる。ただ乗りしようとの利己的な考えを持っていなかったとしても、国際競争力への悪影響の懸念は残るので、他国が後退するならば、自国も後退しようとの誘因が働く。

そして、全ての国がこれらの誘因に導かれて努力を怠ると、気候変動を抑えることが全くできず、結局、世界全体で大きな損失を被ることになる。各国が単純な損得勘定で行動すると、全員が損をする、経済学のゲーム理論で言うところの「囚人のジレンマ」である。

起こらなかった負の連鎖

ところが、実際には、脱退ドミノ倒しは起こらなかった。むしろ、日本を含む多くの国々がパリ協定への支持を改めて表明したうえで、米国の決定を批判した。脱退表明から約1カ月後に開催されたG20サミットの首脳宣言では、米国の脱退意向を記載しつつ、他の19か国はパリ協定を支持していると明確に打ち出すことで、米国の孤立を際立たせた。G20以外からも、米国に追随して脱退する国は現れなかった。ドミノ倒しどころか、連鎖が全く起こらなかったのだ。

なぜ、どの国も米国に追随しなかったのか。大きく三つの理由が考えられる。

第一に、トランプ大統領が脱退の意向を表明しても、実際には、米国はすぐには脱退できず、次の大統領選挙の結果次第では、脱退はごく短期間に留まる可能性があったことである。

協定の脱退規定は、締約国が国連へ脱退を通告できるのは協定発効から3年目以降で、脱退通告が効力を持つのは、通告から1年後と定めている。つまり、協定発効が2016年11月4日だったので、最速の脱退日は、その4年後の2020年11月4日となった。奇しくも、その日は次の大統領選挙の翌日であった。選挙の日程は法律で「11月の第1月曜日の翌日の火曜日」と定められており、2020年については、11月3日であったのだ。もし民主党候補が大統領選挙に勝利し、翌年1月の政権発足後にパリ協定に復帰すれば、米国の脱退はほんの数カ月に留まる可能性があった。もちろん、トランプ大統領が脱退を表明した時点では、次の選挙の勝敗は全く予想できず、経験則としては、現職の大統領が有利であることから、政権交代の可能性が高いとは言えなかった。しかし、脱退前日に協定復帰が決まっている可能性も既に見えていたことで、脱退表明のインパクトは薄まった。

第二の理由は、パリ協定が負の連鎖を触発しにくい制度構造になっていることである。通常、「囚人のジレンマ」を回避するには、制度によって相互の行動を縛って、抜け駆けを防ぐ必要がある。しかし、主権国家の行動を完全に縛ることは難しく、制度があっても裏切りのリスクが残る。そして、一度、抜け駆けが起きれば、相互の縛りが解けて負の連鎖が起きてしまう。

しかしパリ協定は、相互性を弱める制度設計となっていた。どういうことかというと、協定の締約国は排出削減の目標を、他国の同意を取り付けずに、自国の裁量で決める形にしたのだ。これがもし、米国と各国が交渉して合意した目標となれば、米国の脱退は、自国が脱退する、または自らの目標値を緩める理由となろう。しかし、自己裁量で設定した目標となれば、米国と連動する理屈は成り立ちにくく、脱退や目標の緩和はむしろ自己否定となってしまう。米国のように政権交代時であれば政策転換の説明が付きやすいものの、他国を理由として転換するのは、説明がかなり苦しくなる。

さらに、発展途上国はパリ協定に加わっていることで、資金支援を受けることができる一方、脱退するとその権利を失う。途上国支援にも、脱退の連鎖を抑止する効果があったと考えられる。

第三の理由は、そもそも、気候変動問題を巡る「囚人のジレンマ」の構造が弱まってきていることである。パリ協定の成立後、排出削減の努力を単なるコストと見るのではなく、脱炭素化という新たな成長産業への先行投資と捉える考え方が広まっていた。ただ乗りや国際競争力への悪影響とは真逆の考え方であり、そういう考えを共有する国家間では、そもそもジレンマ構造が生じない。

さらに言えば、この分野で経済界や地方政府といった国家以外の主体が台頭したことも、ジレンマの構造を弱めた。トランプ大統領の脱退表明後、米国の一部の州政府、自治体、企業などが新たなネットワーク組織を形成してパリ協定への支持を表明し、国際社会とともに気候変動対策を進めていく姿勢を示した。他国もこうした主体を協調に取り込もうとした。

振り返れば、2001年にブッシュ大統領が京都議定書からの離脱を表明した際には、他国の主たる関心はブッシュ政権を国際的なプロセスにいかに関与させるかであった。ところが、今回はトランプ政権を巻き込もうとする関心は総じて低かった。以前は国家間の関係が支配的であった状況が時代とともに変容し、様々な主体の間の多層的な関係性のなかで、国家の行動が規定され、負の連鎖が抑制されたのだ。

トランプ大統領が脱退表明演説を行うまでは大騒動であった一方で、いざ、それを表明した後のマイナスの影響は小さかった。

その後、トランプ政権は協定の規定に従い、2019年11月4日に脱退を通告し、その1年後の2020年11月4日、米国の脱退は正式に確定した。しかし、世間の関心は、前日に投票が行われた大統領選挙の開票状況に集中し、パリ協定脱退はほとんど話題にならなかった。2021年1月6日には、連邦議会議事堂への襲撃事件といった民主主義の根幹を揺るがしかねない大事件を経るも、1月20日、民主党のバイデン政権が発足した。

2　バイデン大統領の協定復帰

就任日の復帰通告

バイデン大統領は就任日の1月20日に、パリ協定への復帰を国連に通告した。前年の大統領選挙で、気候変動対策について数多くの公約を掲げており、就任日の協定復帰はその一つだった。

そのうえで、バイデン大統領は就任日とその1週間後の1月27日に、気候変動対策に関する計2本の大統領令に署名して、新政権の気候変動対策の方向性を矢継ぎ早に提示した。

様々な施策や方針が掲げられるなかで、特に注目されたのが、4月22日に気候首脳サミット（Leaders Summit on Climate）を主催し、「この日までに２０３０年の削減目標を提出する」と表明したことだった。というのも、選挙戦中から「就任後１００日以内に首脳会議を主催」と公約しており、サミットの開催自体は既定路線だった一方で、この時までに２０３０年目標を提出する点は、サプライズだったためだ。

選挙公約では、２０５０年までにネットゼロ排出を実現するとの長期的な目標を掲げつつも、より短期的な２０３０年の削減目標は曖昧にしてきた。選挙の時点で２０３０年は10年先であり、かなり先のことのように聞こえるだろう。しかし、温室効果ガスの排出削減には、技術やエネルギー源の入れ替えといった年数を要する対策が多く、目標を達成するには、10年は長いようで短いリードタイムである。そして、2050年の長期目標とは異なり、2030年目標は、実現可能性が問われやすい。そのように認識しているからこそ、選挙戦中はあえて目標を曖昧にし、政権発足後に時間をかけて、慎重に検討するだろうと思われていた。ところが、政権発足からたった3カ月で2030年目標を提出すると宣言したのだ。

この期限を設定したのは、大統領の気候変動特使となったジョン・ケリー氏（元上院議員であり、オバマ政権2期目の国務長官）だった。首脳会議までに目標を掲げなければ、他の参加国から踏み込んだ削減目標を引き出すことができないと考えたのだろう。他方、国内の気候変動対策を統括するジーナ・マッカーシー大統領補佐官は、1月27日の記者会見で「自分は速やかに目標を検討するのみで、タイミングはケリー特使が決める」とやや自嘲的に話しており、もう少し長い時間をかけたかったとの雰囲気をにじませた。

こうして、バイデン政権内部と首脳会議に参加する他国の両方にプレッシャーをかけながら、突貫工事で2030年目標が検討された。

2030年目標の意味

バイデン大統領はサミットに合わせて、「2030年に、2005年比で50~52%の排出削減」との目標を発表した。この目標は「半減目標」と呼ばれることも多い。米国政府が国連に提出した文書によれば、電力や運輸など経済部門別に排出削減の可能性を検討し、国全体の排出見通しを定量的なモデルを用いて計算して、その結果と外部の研究機関などによる分析結果を比較したうえで、目標を定めたという。しかし、米国政府は削減量の部門別の内訳までは提示せず、各部門での取り組みを挙げるに留めた。たとえば、電力は2035年までに全電力をカーボンフリーとするための基準値と政府支援、自動車は排出基準とゼロ排出車への政府支援、建物はエネルギー効率化と電化、産業はCCSや水素への政府支援などである。

しかし、この定性的な説明だけでは、「2030年半減目標」の意味をつかめないので、データを交えつつ、定量的に考えよう。

米国政府が国連に提出している排出量のデータによれば、2021年の温室効果ガス排出量は2005年比で16%減であった(1—1のⒶ)。16年間で16%しか減っておらず、年平均では1ポイント減となる。2030年半減を実現するには、2022年からの9年間で、さらに34ポイント分の削減が必要であり、年平均では3・8ポイント減となる。つまり、排出

1—1　米国の2030年半減目標のイメージ

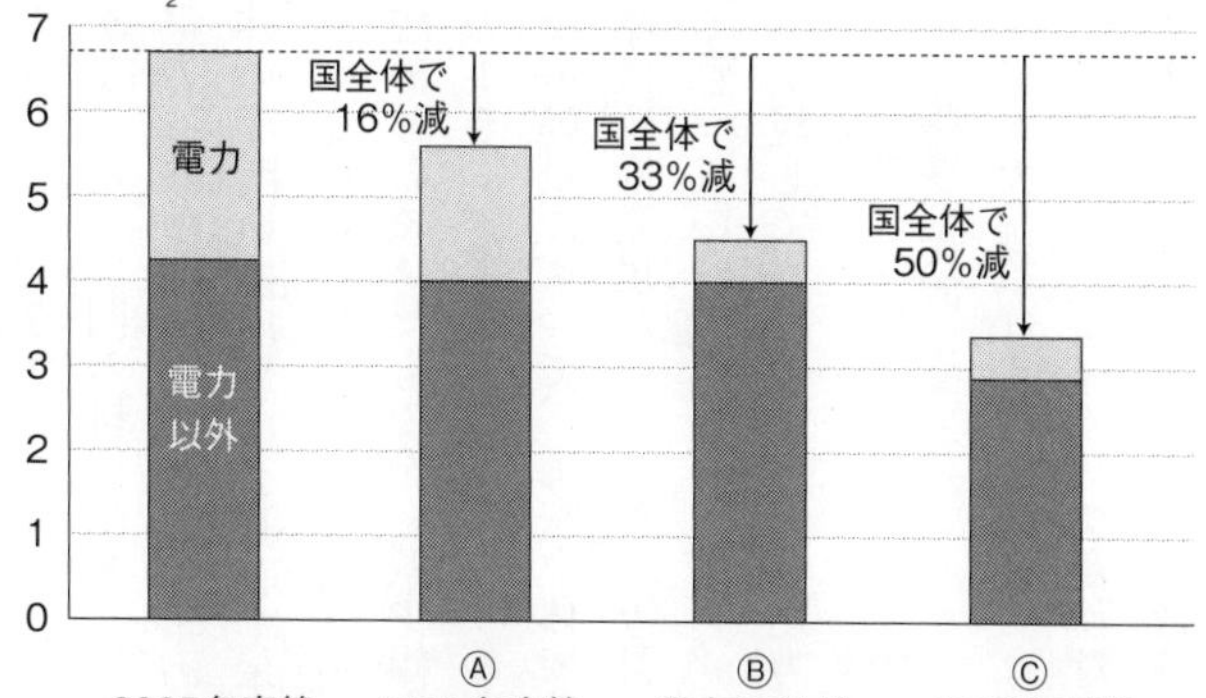

削減のペースを4倍近くに加速させなければならない。

部門別では、排出削減が進みやすい電力部門が最も重要である。先に述べたように、米国政府は2035年までに全電力をカーボンフリーにするとしており、各種の研究機関などの分析に基づくと、これは2030年時点では、おおよそ80%減が達成されていることに相当する(同Ⓑ)。電力部門の排出量は2021年に2005年比で36%減であるため(同Ⓐ)、80%減に届かせるには、年率3~4ポイント分の追加削減が必要となる。具体的には、発電量あたりの排出量が大きい石炭火力をゼロにしても、80%減には届かず、シェール革命によって拡大した天然ガス火力の排出量も相当程度、減らすことになる。火力発電を減らしながら電力需要を満たすには、再生可能エネルギーなどの非化石エネルギーの急拡大が必須となる。

しかし、電力部門の排出削減だけでは、国全体の半減目標には届かない。電力部門を80％減、電力以外の部門は２０２１年のままとすると、国全体では33％減に留まる（同Ⓑ）。電力以外の部門の排出量は２０２１年に２００５年比で６％減であったが（同Ⓐ）、半減目標に届かせるには、これを33％減まで一気に拡大する必要がある（同Ⓒ）。これまで、ほぼ横ばいで推移していたものを、減少傾向に転じさせるには、相当な技術的刷新を要する。

このように、半減目標はかなりの背伸びをして弾きだした数字であり、その達成には、強力な政策動員によって、国家全体で技術やエネルギー源を大きく入れ替える必要がある。半減目標は政権発足からたった３カ月で作られたもので、その時点で、目標達成に向けた政策は全く整っていなかった。バイデン政権は野心的な目標を早々に掲げたことで、それを政策でどう実現していくのかという途方もない宿題を自らに課したのだ。

オバマ政権の失敗に学ぶ

バイデン大統領はオバマ政権では副大統領であり、その気候変動対策をつぶさに見てきた。さらに、バイデン政権で気候変動対策を担うスタッフには、オバマ政権にも関与していた人が多く入った。バイデン政権の政策を成功させるには、オバマ政権の経験、特にその失敗に学び、同じ轍(てつ)を踏まないことが大切であった。

オバマ政権は、外交面では２０１５年12月のパリ協定採択を導き、華々しい成果を上げた一方、国内の気候変動対策では二度失敗している。経緯を振り返ろう。

バラク・オバマ大統領は２００９年１月に就任すると、上下両院で多数派となった議会民主党と連携して、排出量取引制度を導入する新規立法を試みた。しかし、下院では２００９年６月に排出量取引の法案が過半数の賛成をもって可決した一方で、上院では審議が迷走した。上院の議事規則により、この法案の可決には過半数の賛成では不十分で、定数１００のうち60人以上の賛成が必要だったからだ。この時、民主党の議席数は60にわずかに届かず、また、民主党議員の一部が、少数ながら排出量取引に反対していたことから、共和党の穏健派議員の賛同を得られるかどうかが立法の成否を左右することになった。同年12月には、後にバイデン大統領の気候変動特使となった民主党のケリー上院議員と、穏健派と目されていた共和党のリンジー・グレアム上院議員らが法案の枠組みを提案した。

この提案で立法に向けて弾みがつくと思われたものの、２０１０年になると、ティーパーティーと呼ばれる保守派の政治運動が急速に盛り上がり、穏健派の共和党議員が気候変動関連の法案に賛成できる状況ではなくなった。そして、11月の中間選挙で、共和党が下院の多数派を民主党から奪取すると、新規立法の可能性はなくなった。これが一度目の失敗である。

その後、気候変動対策は、自動車の燃費基準の強化といった部分的な前進に留まり、オバマ大統領は2期目をかけた２０１２年の選挙戦でも、気候変動対策を争点化しなかった。

ところが、２０１３年1月に政権第2期が始まると、オバマ大統領は気候変動対策を最優先課題と位置づけるようになった。第2期就任の演説で「気候変動の脅威に対応する」と述べ、2月の一般教書演説では、議会に超党派の法案を検討するように要請し、「議会の協力を得られない場合には、大統領の権限で実施可能な施策を講じる」と宣言した。議会での立法を行わずに、大統領の権限を駆使するとの意思をにじませたのである。

そして6月25日に、オバマ大統領は「気候行動計画」を発表した。大統領や行政府の権限で実施可能な施策を取りまとめたもので、最も注目を集めたのが、火力発電所に温室効果ガスの排出規制を課す構想である。「大気浄化法」という大気汚染に関する既存の法律を用いることで、議会を通じた立法を経ずに、規制を導入することを狙った。2年後の２０１５年8月、オバマ大統領は「クリーン電力計画」と呼ばれる規制の最終版を公表した。米国が行動していることを国内外に示すことで、同年12月のＣＯＰ21でのパリ協定採択に向けて、弾みをつけたのだった。

しかし、これが二度目の失敗へと転じてしまう。

２０１６年2月、連邦最高裁は、クリーン電力計画の一時的な執行停止を命じた。共和党の政治家が知事を務める州が連合して、裁判所に執行停止を訴え、最高裁がその主張を認めたのだ。最高裁は執行停止との結論だけを述べて、その理由を示さなかった。だが、最高裁がクリーン電力計画を大気浄化法違反と考えていることは明白であった。執行停止命令の後には、規制の合法性を問う本訴が控えており、オバマ政権にとって厳しい判決となることが予想された。その後、政権交代による紆余曲折(うよきょくせつ)があり、最終的にはバイデン政権期の2022年に、連邦最高裁は、クリーン電力計画は大気浄化法で認められた行政府の権限を踏み越えているとの判決を下した。

つまり、政権が既存法の権限を駆使しても、訴訟でその合法性が問われると、連邦最高裁に否定されるリスクがあるのだ。これがオバマ政権の二度目の失敗であった。さらに言えば、ある政権が既存法のもとで導入した規制は、別の政権が同じ権限で撤回できる。実際、トランプ政権はオバマ政権のクリーン電力計画を撤回した。議会での立法を回避できても、政権交代に対して脆弱(ぜいじゃく)なのである。

バイデン政権はオバマ政権の二度の失敗から教訓を得て、2030年半減目標の達成に向けて、国内の政策形成を進めていくことになった。

インフレ抑制法の成立

オバマ政権の一度目の失敗の原因は、議会上院で60人以上の賛成を取り付けるハードルを乗り越えられなかったことだった。そして、バイデン政権発足時の民主党の上院議席数は、当時よりも少なく、このハードルを越えるのは、さらに困難になっていた。

そこで、バイデン政権が注目したのが、「財政調整」と呼ばれる手続きであった。これは、連邦政府の収入や支出に限定した内容の法案であれば、一定の要件を満たす場合に、下院だけではなく、上院でも単純過半数で可決できる仕組みである。当時、民主党の議席数は、民主党と連携する独立系を含めて、ちょうど半数の50議席で、共和党も同数の議席を有していた。本会議で賛否が同数の場合、上院議長を務める副大統領がその均衡を破る一票を投じることができる。そのため、民主党議員の全員が結束すれば、カマラ・ハリス副大統領の一票とあわせて、財政調整の法案をぎりぎり可決できた。

もちろん、財政調整は財政や税制の措置に限られるので、政策立案の自由度は狭まる。しかし、バイデン政権にとって、大きな不都合ではなかった。なぜなら、もともと財政・税制の措置を狙っていたためである。バイデン大統領は選挙戦で、気候変動関連の公約の柱として、脱炭素技術を導入する企業や消費者に税優遇措置や補助金などの政府支援を与えて、大規模な投資を引き出すことを掲げていたのだ。

かつて、オバマ政権が目指した立法は、企業の炭素排出にコストを賦課する排出量取引制度を導入することだった。経済活動に炭素コストを課す規制的手法は、共和党議員だけではなく、民主党議員の一部、特に化石燃料産業への依存度が高い州で選出された議員の賛同を得にくく頓挫した。他方、バイデン政権の財政的措置による政府支援であれば、炭素排出にコストを課すのではなく、その削減にベネフィットを与えるものなので、民主党内を固めやすいと予想された。こうした見通しのもと、バイデン政権と上院民主党の指導部は、財政調整を使って、気候変動対策の立法を目指すことにした。

ところが、そう簡単には進まなかった。民主党の上院議席数がちょうど半数であり、一人でも反対すると可決できないなか、全員の賛同を得られる法案を取りまとめるのに苦労したためだ。民主党のなかには、きわめて野心的な気候変動対策を望む「進歩派」の議員がいる一方で、地元の経済や労働者に配慮し、緩やかな気候変動対策を望む「保守派」の議員もいて、調整は容易ではなかった。

特に、党内保守派の筆頭格であるジョー・マンチン上院議員との調整は、当初から難航した。マンチン上院議員はウェストバージニア州選出であり、同州は石炭を多く産出することで知られている。バイデン大統領や上院民主党を率いるチャック・シューマー院内総務は、マンチン上院議員らと水面下で協議しつつ、落としどころを探った。

しかし、マンチン上院議員は、財政調整法案への懸念を繰り返し表明し、12月19日には、「法案に賛成できない」との声明を発表した。反対の理由として、「29兆ドル超の負債を生み、有害なインフレのリスクがある」「電力系統の信頼度へのリスクを高め、外国のサプライチェーンへの依存度を高める」「市場や技術が追いつかない速度でエネルギーの切り替えを行うと、国民に破滅的な結果をもたらす」といった点を挙げた。マンチン上院議員の反対で、法案成立の見通しは一気に不透明となった。

年が明けた2022年にも、マンチン上院議員との交渉が試みられた。しかし、ロシアによるウクライナ侵略でエネルギー情勢が混乱したことも相まって、状況を打開できないまま、半年以上が経過した。11月には中間選挙があり、重要法案を審議できるのは、実質的に議会の夏季休会前までだった。民主党指導部が8月1日を期限として調整を進めていたなか、7月14日に、マンチン上院議員がインフレの加速を理由に法案に再度反対し、ついに暗礁に乗り上げたかのように思われた。

ところが、その2週間後の7月27日、マンチン上院議員とシューマー上院院内総務は急転直下、財政調整法案に合意したと発表し、法案の名称を「インフレ抑制法」(Inflation Reduction Act:IRA)とした。法案は脱炭素の分野に、税優遇措置や補助金などを通じて、10年間で3690億ドルを投じることを狙う。同時に、法人税の最低税率の設定などによっ

1―2　米国の温室効果ガス排出量の実績と見通し

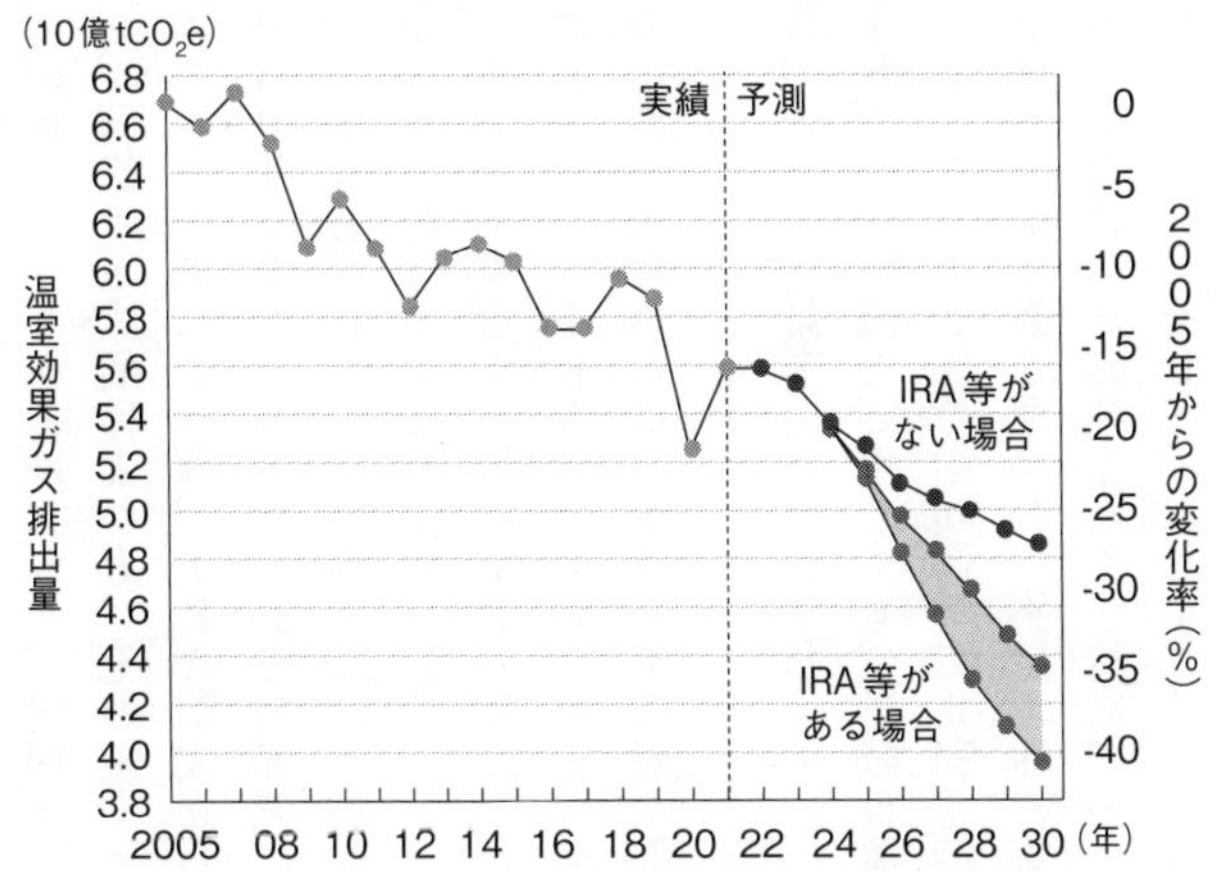

注）IRA及び2021年に成立したインフラ投資雇用法の効果を併せて分析したもの。インフラ投資雇用法の排出削減効果は小さく、削減の大半はIRAによるものである。排出量の見通しに幅があるのは、今後のIRAの執行に不確実性があるため

出典：米国エネルギー省の図を一部改変

て、法案全体では財政赤字を約3000億ドル削減し、インフレの減速にも資する。バイデン政権が公約した巨額の脱炭素投資と、マンチン上院議員が要求したインフレ抑制を折衷させたのだ。法案は8月7日には上院本会議を民主党の全議員の賛成で通過し、下院に送付された。下院では8月12日に本会議を通過し、バイデン大統領が同16日に署名して、インフレ抑制法が成立した。

マンチン上院議員との交渉の経緯からインフレ抑制法と名付けられたものの、財政赤字の削減は10年という長期で進むものであり、即効性には乏しい。他方で、脱炭素投資への

政府支援のインパクトは大きく、実態としては、脱炭素投資法としての側面が強い。そのため か、同法は正式名称よりも、その頭文字を取った略称であるIRAと呼ばれることが多い。

エネルギー省によれば、IRAが成立したことで、脱炭素投資が加速し、米国の排出量は2030年に2005年比で35〜41%減になると見込まれている。半減目標には届かないものの、IRAが存在しない場合には、27%減に留まると推定されており、目標達成に向けて、10ポイント程度の大きな前進となる(1—2)。ただし、IRAの効果が十分に発現するには、再エネ発電を支える送電線の建設など、周辺インフラの整備が必要である。送電線建設が遅れる場合、IRAの削減効果が8割縮小するとの試算もあり、2030年までに期待通りの削減効果を得られるかは、不透明な部分が残る。

火力発電所と自動車への排出規制

IRAで40%減を実現しても、半減目標の達成には、まだ10ポイント以上の不足がある。しかし、2022年の中間選挙で共和党が議会下院の多数派を奪取したことで、IRAに続く立法は当面困難となった。不足を埋めるには、今後、既存法の権限による排出規制や、州政府の取り組みが必要となる。特に、国全体での排出量を抑制するには、前者の排出規制の役割が大きい。そして、これを成功させるには、バイデン政権はオバマ政権の二度目の失敗を乗り越えなければならない。

オバマ政権の二度目の失敗は、連邦最高裁がクリーン電力計画を大気浄化法に違反していると判断したことだった。もう少し詳しく見てみよう。

クリーン電力計画は、石炭火力発電所に、発電量あたりの排出量の基準値を課すものであった。オバマ政権は基準値の設定にあたり、「発電所の内側」での効率改善による排出削減に加えて、排出量が小さい天然ガス火力の優先活用や、排出ゼロの再生可能エネルギーの導入といった「発電所の外側」で生じる排出削減も織り込んだ。平たく言えば、電力全体のエネルギーミックスを、石炭から他のエネルギー源に置き換える基準値としたのだ。最高裁が権限逸脱としたのは、この考え方である。大気浄化法は排出基準の設定に際して、「排出削減の最良のシステム」を反映するように求めており、オバマ政権は、発電所の外側での排出削減も最良のシステムに該当すると解釈して基準値を定めた。ところが、最高裁はこの解釈を否定し、クリーン電力計画を違法としたのだ。

そこで、バイデン政権は2024年4月に、最良のシステムを「発電所の内側」に限定した排出規制を決定した。その際、内側の対策をクリーン電力計画よりも拡充し、石炭火力への炭素回収貯留（CCS）の導入を含めた。CCSは新技術のため現在までの導入実績は乏しく、従来技術よりも、かなりの高コストである。もし、この規制が予定通りに実施されれば、2032年までに、CCSなしの石炭火力はゼロとなり、CCS付きがごくわずかに残るのみと見込まれる。CCSは高コストなので、その導入量は小規模に留まり、基準値を満たせない石炭火力は、廃止されるためだ。

注意すべきは、オバマ政権の失敗と同様に、この規制に対しても訴訟が提起されると見込まれることだ。その際、最高裁がこの方式を合法と判断するかは予断しがたい。発電所の内側での削減策に絞った点では、かつての失敗を踏まえている。しかし、大気浄化法は、最良のシステムを「排出削減のコストを考慮して適切に実証されているもの」とも規定している。バイデン政権はIRAの政府支援によって、CCSが後押しされており、この要件を満たすとしている。ただ、最高裁がどのように判断するかは、判決が出るまで分からない。

IRAに加えて、この排出規制が実施されれば、2030年の半減目標の達成に一歩近づく。バイデン政権は電力部門だけではなく、乗用車の排出基準、石油と天然ガスの生産・輸送時に漏洩（ろうえい）するメタンの排出基準、エアコンの冷媒などに使用されるフロン系ガスの規制を、既存法の権限を活用して策定している。さらに、一部の州政府は2030年に向けて、排出量取引やクリーン電力基準といった各種の施策を強化している。これらの全てが見込み通りに実施されれば、半減目標の達成が視野に入ってくる。

特に重要なのは、連邦政府による乗用車の排出基準である。バイデン政権は2024年3

月に排出基準を決定し、普通乗用車の新車販売に占める電気自動車の比率が２０３２年に56%に、プラグインハイブリッド車の比率が同年に13%に達するとした。ただ、バイデン大統領の重要な支持基盤である自動車産業の労働組合が、急速な電気自動車シフトを憂慮しており、２０３０年までの基準値を、２０２３年４月の当初案よりも若干緩めた。

問題は２０２４年11月の大統領選挙後に、バイデン政権の規制政策が維持されるかどうかである。当然のことながら、共和党政権になれば揺り戻しが生じ、半減目標の達成は遠のいていく。

３　２０２４年大統領選挙と気候変動

党派間の激しい対立

２０２４年の大統領選挙は、バイデン大統領にとっては2期目をかけた戦いである。政権の政策を継続するか否かが争点となり、気候変動対策については、パリ協定への復帰、２０３０年半減目標、ＩＲＡ、既存法の権限による排出規制の是非が問われる。選挙結果次第で、この延長線上での政策推進が続くのか、揺り戻しが起きるのかが決まる。

政権交代時の継続性が弱いのは、気候変動を巡る党派間の対立が激しいためである。

ギャラップ社の2023年3月の世論調査によれば、民主党支持者の65%が、気候変動を「非常に心配している」と回答したのに対し、共和党支持者では、その回答はわずか8%に留まり、70%以上が「少しだけ心配」あるいは「全く心配していない」と回答した。また、民主党支持者の88%が「気候変動は人間活動によって引き起こされている」と回答したのに対して、共和党支持者の69%が「気候変動は人間活動とは無関係な自然環境の変動に過ぎない」とした。両党の支持者の間でこれほどまでに認識が割れると、その期待を背負った大統領が前政権の政策を撤回するのは、ある意味、当然である。また、選挙結果を左右する無党派層は、42%が非常に心配していると回答し、66%が人間活動によって引き起こされているとした。民主党支持者にやや寄っている。

執筆時点で、選挙はバイデン大統領とトランプ前大統領の再戦となる見通しである。そこで、以下では、バイデン大統領が勝利する場合と、トランプ前大統領が勝利する場合を分析していくが、仮にこの先、候補者が変更になったとしても、その分析に大差はない。なお、二大政党の候補以外に、ロバート・ケネディ・ジュニア氏が無所属の候補として立候補を表明し一定の人気を集めている。しかし、当選できるほどの勢いはないことから、ケネディ氏が勝利するケースは考察しない。

バイデン政権と2035年目標

バイデン大統領が再選される場合、政権1期目の政策を発展させることになる。その際に旗印となるのは、2035年の新目標だ。

パリ協定は削減目標を5年ごとに国連に提出することを義務付けており、次回は2025年2月までに、2035年目標を提出することになっている。バイデン大統領は、選挙戦で気候変動への関心が高い若年層やリベラル層に訴求するために、2035年目標を選挙公約に含め、2024年11月5日の投票日前に国連に提出する可能性がある。投票日前に提出しない場合でも、提出期限が迫っていることから、当選後や、2025年1月20日の2期目発足後に速やかに提出することになる。2030年の半減と2050年のネットゼロ排出を直線で結ぶと、2035年は2005年比で62・5%減となることから、目標は60%減を超えるものとなるだろう。特に選挙公約と絡める場合には、70%減に近づけることも考えられる。

ここで重要なのは、IRAによる排出削減は、2035年に向けて拡大することである。IRAの脱炭素投資への支援が2030年以降も続くためであり、2035年には45%前後の削減となる見込みである。60~70%減に対しては、依然として15~25ポイントの落差があるとはいえ、新規の立法なしでも、排出削減が拡大していくことは、政権にとって追い風となる。IRAのインパクトは大きく、そして持続的であるのだ。

しかし、2030年目標にせよ、2035年目標にせよ、今のままでは目標に届かない。目標達成への不足分は、既存法の権限による排出規制を中心に埋めていくことになる。バイデン政権は1期目が終わるまでに、電力、自動車、油田・天然ガス田などに対する排出規制を最終決定し、2025年の時点では、それらが既存法の権限を踏み越えているかどうかが訴訟で争われているだろう。既に述べたように、最高裁判所がこれらの規制を違法と判断する可能性があり、その場合、政権は判決に沿って規制を見直さなければならない。

一方で、最高裁判決のタイミング次第では、既に企業が規制対応を進めていて、後戻りしない可能性がある。多くの規制は2030年頃を目標年としており、たとえば判決が2028年頃まで後ろ倒しとなれば、企業はその時までに規制遵守に向けた対応（たとえば、CCSなしの石炭火力発電所の廃止準備）を始めてしまっている。判決後に規制が見直されても、既に進めた対応は元通りとはならない。同様のことは、2028年の大統領選挙で共和党に政権交代する場合にも当てはまる。その時期から諸規制の撤回手続きを始めても、民間での規制対応は既にほぼ完了している。

つまり、2025年以降もバイデン政権が継続する場合、第1期で定めた排出規制は、後々、裁判や政権交代で見直しになっても、その効果は一定程度、発現する可能性が高い。そして、IRAの効果も相まって、2030年の半減目標の達成に近づく。

同様に、2035年目標の達成に向けて、政権2期目に策定する規制の効果がどうなるかについては、2028年の大統領選挙の結果次第と言える。ただ、同一政党の政権が3期連続で続くのは稀であり、共和党のレーガン2期とブッシュ（父）1期以来、この30年間では一度もない。そのため、経験則としては、バイデン政権が2期続いた後には共和党に政権交代する可能性が高く、そうだとすれば、2035年目標の達成は、2028年までにIRAに続く追加立法がない限り、相当に難しいと予想される。

そして、追加立法の可能性は、連邦議会の選挙結果次第である。議会選挙は2期目の終わりまでに、2024年と2026年の2回あり、上下両院で民主党が多数派となれば、追加立法の可能性が出てくる。仮に新たな立法があれば、2022年に成立したIRAの効果が2030年を越えて拡大するように、その効果は2040年頃まで長く続くだろう。したがって、議会選挙の行方も重要である。

トランプ復権とパリ協定再脱退

トランプ前大統領が政権を奪取すれば、米国が再度、パリ協定から脱退することは、ほぼ確実である。既に一度、脱退していることに加え、今回の選挙戦のために立ち上げたウェブサイトにも、パリ協定脱退の意向がはっきりと表明されている。そして、パリ協定を脱退すれば、協定のもとで掲げた削減目標も同時に消滅する。

そして、今回は、パリ協定を速やかに脱退できる。2017年の脱退表明時は、前年11月に協定が発効したばかりであったことから、2019年11月まで脱退を通告できなかった。今回はいつでも通告可能であり、通告から1年後に正式に脱退となる。就任日の2025年1月20日に脱退を通告すれば、2026年1月20日に脱退が確定する。脱退すれば、米国はCOPと同時に開催されるパリ協定の締約国会合への参加資格を失う。日本やEUなどの先進国は、米国抜きで中国などの新興国と対峙しなければならず、苦しい状況となる。

枠組条約脱退のリスク

さらに今回は、将来のパリ協定復帰を妨げるために、1992年に採択された国連気候変動枠組条約からも脱退する可能性がある。枠組条約は気候変動の国際協調の土台であり、毎年のCOPはこの条約の締約国会議である。1992年に議会上院で圧倒的多数の同意を得て、同条約を締結した。そのため、気候変動対策に消極的な共和党政権といえども、これまでは脱退することはなかった。

ところが、トランプ政権が、将来の民主党政権によるパリ協定復帰を阻止することまで目指す場合、枠組条約脱退は選択肢の一つとなる。というのも、パリ協定は「枠組条約の締約国が、同協定を締結できる」と定めており、枠組条約を脱退し、それへの復帰を阻止できれば、パリ協定復帰も阻止できるためだ。ブッシュ大統領は枠組条約を上院の同意を得て締結したことから、脱退後の復帰に際しても、同様の同意が改めて必要となるかもしれない。その場合、この30年間で保守化が進んだ共和党が同意せず、必要な賛成を得られないだろう。もし本当に脱退すれば、米国はパリ協定の締約国会合だけではなく、ＣＯＰにも参加しないことになり、他の先進国の立場は一層苦しくなる。

しかし、脱退した条約への復帰に際して、上院による再度の同意が必要であるのか、それとも初回締結時の同意が依然として有効であるのかは、同様の前例が少なく、はっきりしない。原則的には不要との学説もある。法的な整理が曖昧な限り、民主党政権は、上院の再同意を得ずに、枠組条約に復帰する可能性が高いと予想される。

なお、第2章で詳しく述べるように、パリ協定は、上院の同意を得ずに、大統領の権限だけで締結可能である。バイデン大統領が就任後ただちに復帰を通告できたのは、このためであった。

国内政策の見直し

トランプ政権になった場合、国内では、バイデン政権が定めた各種の排出規制を解体していく。既存法のもとで定められた規制は、同じ権限をもって撤回可能であり、実際、2017年からのトランプ政権はオバマ政権のクリーン電力計画を撤回した。ただし、規制撤回は行政手続法に沿って進める必要があり、数年の時間を要する。単に撤回するだけでは法的な要件を満たせず、代替規制を決定しなければならないこともあり、その場合には、代替案を検討するために、さらに長い時間が必要となる。

他方、IRAは、連邦議会を通じた立法によって定められたため、その撤回にも立法が必要となる。行政府だけで決定できる排出規制の撤回よりもハードルが高い。民主党のほぼ全議員がIRAの撤回に否定的であることから、共和党単独でIRA撤回を立法するしかなく、そのためには、共和党が上下両院で多数派を握ったうえで、IRA成立時と同様に、財政調整の手続きを用いることになる。したがって、まずは、大統領選挙と同時に実施される議会選挙の結果がどうなるか次第となる。

さらに、共和党が上下両院で多数派になったとしても、IRA撤回で結束しきれるかが微妙な状況である。IRAは民主党単独で立法したものの、その恩恵を受けて実施される脱炭素投資は、共和党が強い地域で実施される場合が多い。投資プロジェクトが既に動き始めているなかで政府支援を撤回すると、共和党議員は地元有権者の支持を失いかねず、それを懸念する議員が撤回に反対となれば、撤回法案の可決に必要な過半数を確保できない可能性が出てくる。IRAから受益する地域の数は今後増え続けることから、時間の経過とともに、撤回は一層難しくなる。この点は次項でもう少し詳しく論じる。

共和党政権が気候変動対策に完全に背を向けるわけではない点には、注意が必要である。共和党のなかにも、気候変動の悪影響に備えるための適応や、CCSの促進に対しては一定の支持があり、こうした分野での取り組みは政権交代しても継続しやすい。

政権交代時の振れ幅縮小

バイデン政権が継続するのか、あるいはトランプ政権が誕生するのかによって、2025年以降の米国の気候変動対策の行方は大きく異なってくる。これまでも、20年以上の長期にわたって、政権交代するたびに、気候変動対策は左から右、そして右から左へと繰り返し大きく振れ、その振れ幅は拡大してきた。

オバマ政権からトランプ政権に交代した際には、国際的にはパリ協定から脱退し、国内ではクリーン電力計画を撤回した。トランプ政権からバイデン政権に交代した際には、パリ協定に復帰し、2030年の半減目標を掲げたうえで、IRAと排出規制によって国内政策を大きく前に進めた。今回も政権交代すれば、パリ協定からの再脱退といった象徴的な側面では振れ幅が大きなものとなろう。

しかし、温室効果ガスの排出量に影響を与える国内政策については、振れ幅の縮小が見込まれる。既に述べたように、ＩＲＡの撤回が難しく、無に帰す可能性が低いためである。確かに共和党が２０２４年の選挙で大統領・上院・下院の全てで勝利したうえで、内部で結束できれば、ＩＲＡを撤回できる。ただ、選挙を勝ち抜くことの難しさは当然のことながら、勝利した場合でも、内部を固めるのは容易ではない。

２０２３年の前半、米国政府の債務が法律で定められた上限に達し、上限を引き上げなければ、政府がデフォルトに陥る危うい状況になった際、ＩＲＡ撤回が争点となった。債務上限の引き上げには立法が必要であり、共和党が多数派となっている下院が、上限引き上げの法案にＩＲＡ撤回を組み込んで可決したためだ。この法案には、ＩＲＡ撤回以外にも共和党の政治的要求が多数盛り込まれており、バイデン大統領と共和党のケヴィン・マッカーシー下院議長らは、政府のデフォルト回避をかけて落としどころを交渉した。

その結果、6月上旬に、共和党の要求を部分的に受け入れる形で、債務上限引き上げ法案（正確には２０２５年1月1日まで債務上限の適用を停止する法案）への合意を得た。しかし、ＩＲＡの見直しについては、脱炭素とは関係のない一部予算の修正に留まった。というのも、バイデン政権がＩＲＡ撤回に反対したのは当然のことながら、共和党の内部にも躊躇（ちゅうちょ）する声があったためだ。実はもともと、下院を通過した法案は、ＩＲＡの脱炭素投資支援のうち、バイオ燃料とCCSの税優遇を撤回の対象としなかった。アイオワ州選出の共和党議員が地元への恩恵を理由に、撤回に強く反対したためだ。さらに、バイオ燃料とCCS以外にも、共和党議員の地元に経済的な利益をもたらす税優遇は様々あり、廃止を躊躇する議員が存在していたのである。

このように、共和党はIRA成立から1年未満で、既にIRA撤回でまとまれない状況となっている。IRAから受益する地域は時間とともに増加する一方であるので、2025年時点では、撤回は一層困難になっているはずである。

ただし、共和党は、電気自動車を購入する消費者への税優遇の撤回に絞れば、一つにまとまれるかもしれない。なぜなら、共和党支持者の間で、この税優遇は電気自動車を購入する富裕層への補助金になっていると捉える向きがあり、著しく不人気であるためだ。

しかし、話はそう単純ではない。もし、この支援措置を撤回すると、その悪影響は購入者だけに留まらず、電気自動車のサプライチェーンを遡って、共和党が強い地域に立地している蓄電池の製造工場にまで及ぶおそれがある。そうなれば、共和党はやはり一つにはまとまらなくなる。

似た例として、2017年から2018年にかけて、共和党が大統領と上下両院の全てを掌握し、医療保険制度改革法（通称オバマケア）を見直そうとしたものの、党内のコンセンサスを得られずに頓挫したことがあった。それくらい、ひとたび法として成立したものを後から撤回するのは難しいのである。

IRAは米国で初めての本格的な気候変動対策の立法である。それ以前の気候変動対策は、既存法の権限での規制という共和党政権時に撤回されやすい措置や、研究開発や技術実証への予算措置といった超党派の支持はあるが小規模な立法が中心であった。本格的な政策が立法という事後的に覆すのが難しい方法で確立されたことで、国内政策にぶれにくい軸が形成され、今後、共和党政権になったとしても、2030年に35%以上の排出削減、2035年に45%前後の排出削減が視野に入ったままとなる。これまでのような振りだしに戻る振れ幅ではなくなったのだ。

IRA見直しの可能性

ただし、注意すべき点がある。2017年に成立したトランプ減税のうち、所得減税と基礎控除の拡大が2025年に期限切れとなり、この延期が政治的な争点となることだ。実は、トランプ減税も財政調整によって成立した。もし2024年の選挙でトランプ前大統領が勝利したうえで、共和党が議会の上下両院で多数派となれば、トランプ政権は財政調整によって、トランプ減税の延長（あるいは恒久化）を目指すであろう。そして、そのなかに、減税延長の財源として、ＩＲＡの大部分の撤回が盛り込まれる可能性がある。

ＩＲＡ撤回がトランプ減税の延長と束ねられて一つの法案となった場合、共和党議員の一部は本音ではＩＲＡの撤回に消極的でも、法案に賛成票を入れざるをえなくなるかもしれない。あるいは反対に、共和党と民主党の議席数が僅差であれば、ＩＲＡの一部を維持したい共和党議員がキャスティングボートを握って、地元に恩恵があるものを残すための条件闘争に持ち込むかもしれない。どうなるかは、２０２４年11月の大統領及び議会の選挙結果次第であり、まずはその結果を見極める必要がある。

ＩＲＡが見直される可能性はもう一つある。将来、財政赤字の拡大が座視できない状況となった際に、選挙区の個別利益を脇に置いて、国家のために財政改革を断行しなければならなくなった場合だ。そうなれば、ＩＲＡの脱炭素投資支援も見直しの対象となりうる。

ＩＲＡが成立した時点では、同法は脱炭素に10年間で３６９０億ドルを投じつつ、法人税の最低税率の設定などによって、全体では財政赤字を約３０００億ドル削減すると見込まれていた。

しかし、その後、電気自動車や蓄電池などへの税優遇が当初の想定を大幅に上回って活用される可能性が高まり、支援総額が４２８０億ドルも増加する見通しとなった。当初見込んだ約３０００億ドルの赤字削減を完全に相殺し、むしろ赤字拡大となってしまう。想定が外れたのは、バイデン政権が電気自動車の販売比率を高める排出規制を提案したためであり、これにより電気自動車の販売台数の予測が上振れし、その分だけ支援総額も大きくなる見込みとなった。加えて、第3章で説明するように、財務省がリース用の電気自動車に税優遇を適用する条件を緩めて、その需要を喚起したことも、支援総額の見通しを押し上げた。

そもそも、米国の財政赤字はＩＲＡとは関係なく拡大する傾向にあり、いずれかの時点で財政改革が必要となろう。その時、ＩＲＡがどう扱われるかは、改革のタイミングや財政赤字への寄与度などによって決まるだろう。

日本は米国とどう付き合えばよいのか

日本はこの揺れ動く米国とどのように付き合えばよいのか。

まず、２０２４年の選挙でトランプ前大統領が当選し、米国が再度パリ協定から脱退しても、当面は静観していればよいだろう。その次の選挙で民主党政権になれば再び復帰することに加え、ＩＲＡが撤回されない限り、パリ協定から抜けても、米国の温室効果ガス排出量は２０３５年に２００５年比で45％減に向かうペースで減少する見込みであるためだ。この状況であれば、２０１７年の脱退表明時がそうであったように、パリ協定の体制が瓦解することはない。日本は、ＩＲＡが覆らないかどうかを注視しつつ、それに見合う範囲で自らの脱炭素政策を粛々と進めていけばよい。

脱退した米国をパリ協定の外側で巻き込むのは、共和党政権との親和性が高い適応やCCSの分野では可能と予想され、日本がそうした分野で協力することは、政治・外交的には意義があろう。ただ、世界全体の気候変動対策のなかでは、その協力の役割は小さなものに留まる。巻き込むチャネルがあった方が良くはあるものの、喫緊の課題とまでは言えない。

他方、共和党政権が２期連続となり、脱退が長期化する場合には、悪影響がじわじわと顕在化する。たとえば、米国がパリ協定のもとでの途上国への資金支援を長い間、行わないことで、途上国の不満が高まり、削減目標の強化に後ろ向きになるおそれがある。米国が抜けた穴は大きく、日本を含む他の先進国には支援増額のプレッシャーがかかるだろう。しかし、米国の穴埋めのためだけに増額するのでは、日本国民の理解を得がたい。民主党政権期の米国に応分の負担をきっちりと迫ることに加え、途上国支援の戦略的な活用、たとえば地政学的にも重要な太平洋の小島嶼国（しょうとうしょこく）への支援強化や、日本の産業にも裨益する分野での支援などを追求する必要がある。

総合的に考えると、むしろ難しいのは、米国が民主党政権の時の付き合い方である。パリ協定では、各国は自らの裁量で削減目標を設定する。しかし、次章以降で詳しく論じるように、日米関係のなかでは、日本に対して、削減目標の強化や化石燃料の利用削減などの点で圧力がかかりやすい。民主党政権は目標設定に際して、2030年半減目標がそうであったように、現実的に実現できそうな範囲からの背伸びをするので、日本も外交的な観点からは、それに合わせる必要があろう。

そして、先に述べたように、バイデン政権は選挙戦中の2024年に、2035年の新目標を提出する可能性があり、日本も米国の選挙結果を待たずに、2035年目標の提出を求められるかもしれない。しかし、この場合、もしトランプ前大統領が選挙で勝利すれば、米国はパリ協定から再脱退し、目標達成のコストを負わずに済む一方、日本はそれを負ったままとなる。というのも、バイデン政権に歩調を合わせたのが実態であったとしても、建前上、目標は自らの意思で決定したものであり、米国の政権交代を理由とする目標の撤回は困難であるためだ。このリスクの見極めは難しく、米国とどこまで足並みを揃えるかは、最終的には総理大臣が決断するものとなろう。

その決断において、考慮すべき点の一つは、梯子を外された場合に、米国の気候変動対策がどこまで後退するかである。今であれば、IRAで実現できる範囲が下げ止まりとなる。将来、米国でIRAに続く新たな立法が可能な状況となれば、さらに高いところで米国は下げ止まる。そうなれば、梯子外しによる悪影響もその分だけ小さくなるので、日本は米国と歩調を合わせやすくなる。米国の国内情勢を見極めることは、日本の気候外交の針路を決めるうえで、これまでも、そしてこれからも重要なのである。

第2章

削減目標外交の攻防

2021年４月22日、菅義偉総理大臣が温室効果ガスの46％削減を発表
出典◎首相官邸

年	出来事
1992年	国連気候変動枠組条約（UNFCCC）の採択
1997年	米国連邦議会上院のバード＝ヘーゲル決議 京都議定書の採択（COP3）
2001年	米国ブッシュ大統領の京都議定書離脱表明
2010年	カンクン合意の採択（COP16）
2014年	米中首脳共同声明（１回目）
2015年	米中首脳共同声明（２回目） パリ協定の採択（COP21）
2016年	米中のパリ協定同時締結 パリ協定の発効
2017年	米国トランプ大統領のパリ協定脱退表明
2018年	IPCC1.5℃特別報告書の発表 パリ協定のルールブック合意（COP24）
2019年	EU における2050年ネットゼロ排出の承認 英国における2050年ネットゼロ排出目標の法制化 国連事務総長主催の2019年国連気候行動サミット
2020年	新型コロナウイルス感染症による COP26の１年延期 中国の習国家主席の2060年カーボンニュートラル表明 菅総理の2050年カーボンニュートラル表明 EU と英国による2030年目標の強化
2021年	米国のパリ協定復帰 米国バイデン大統領主催の気候首脳サミット 米国の2030年目標（2005年比50～52％減）の発表 日本の2030年目標（2013年比46％減）の発表 インドのモディ首相の2070年ネットゼロ排出表明 米中共同宣言 「1.5℃目標」への合意（COP26）
2022年	米中対話の中断と再開
2025年	次期 NDC（2035年目標を推奨）の提出期限（２月）

「２０３０年度に、温室効果ガスを２０１３年度から46％削減することを目指します。さらに、50％の高みに向けて、挑戦を続けてまいります」

２０２１年4月22日、菅義偉総理大臣は総理官邸の会議でこう宣言した。この日、米国のバイデン大統領は、1月の就任から間もないなかで「気候首脳サミット」をオンライン形式で主催することになっていた。菅総理はこのバイデンサミットでの表明に先立って、国内で削減目標を発表したのだ。

46％目標は、日本がパリ協定のもとで掲げるものである。パリ協定は各締約国に削減目標を5年ごとに提出することを義務付けており、２０２０年には、２０３０年目標を提出することになっていた。ところが、２０２０年初頭に新型コロナウイルス感染症がまん延して、1年先延ばしとなった。菅総理が２０２１年に目標を発表したのは、このためだった。次回の提出期限は２０２５年2月であり、２０３５年目標の提出が奨励されている。

削減目標をどうするかは、各国が自ら決めるものだ。しかし、実際には、激しい外交上の攻防があり、日本もその荒波に翻弄されてきた。その舞台となるのは、２０１５年のＣＯＰ21で採択されたパリ協定である。

そこで本章では、まず、パリ協定の骨格を、協定の前身となる京都議定書（１９９７年の

COP3で採択）と対比しながら説明したうえで、COP21で繰り広げられた多国間交渉がパリ協定に結実した経緯を辿る。そして、パリ協定の温度目標（2℃と1・5℃）を軸に繰り広げられた削減目標を巡る2020年前後の外交戦を描きながら、これからも続くこの攻防に、日本がどう向き合うべきかを論じる。

1　パリ協定のNDC方式

NDCとは

パリ協定は、2020年以降の気候変動対策を定める国際条約であり、温室効果ガスの排出削減、温暖化がもたらす影響への適応、途上国への支援、各国の取り組みに対する透明性の強化などを包括的に扱う。これらのなかで最も重要なのは、当然のことながら、排出削減である。温室効果ガスの排出が地球温暖化の根本原因であるためだ。

そして、パリ協定の全ての締約国は、排出削減目標を5年ごとに提出する義務を負っている。協定の条文では、目標は「国が決定する貢献（nationally determined contribution）」と表現されており、略称はNDCである。これがパリ協定の骨格をなす。

削減目標と呼ばずに、NDCという遠回しな呼称をわざわざ用いているのは、パリ協定の前身となる「京都議定書」の削減目標とは異なることを表すためである。１９９７年に採択された京都議定書は、先進国に対して、２００８年から２０１２年までの「定量的な排出削減約束」を課した。「定量的な約束」は数値目標と同じ意味合いであり、京都議定書には、その目標が国別に記載されている。数値目標は国際交渉を通じて合意されたもので、１９９０年の排出量に対して、日本は６％分、米国は７％分、ＥＵは８％分の削減が求められた。

これに対して、パリ協定のＮＤＣにおける「国が決定する」という言葉遣いには、各国は自らの裁量で目標を決定し、それを他国と交渉する必要はないとの意味合いが込められており、京都議定書方式からの転換を読み取れる。各国のＮＤＣは協定には記載されず、国連が管理するオンラインの登録簿に各国が関連文書をアップロードする形態をとる。さらに、目標ではなく、より曖昧に「貢献」と呼ぶことで、京都議定書との違いが一層際立っている。

パリ協定のＮＤＣと京都議定書の削減目標には、もう二つの大きな違いがある。

第一に、対象国の範囲である。京都議定書では、目標は先進国に対してのみ設定され、途上国には設定されなかった。他方、パリ協定では、先進国・途上国の区別を問わず、全ての国がＮＤＣを掲げなければならない。

第二に、目標の法的な位置づけである。京都議定書では、削減目標の達成が法的に義務付けられている一方で、パリ協定では、ＮＤＣの達成は義務ではなく、未達成でも国際法違反とはならない。その代わりに、パリ協定は各締約国に対して、NDCの進捗(しんちょく)状況を2年ごとに国連に報告し、その報告に対する評価を受けることを義務付けている。加えて、NDCの目標年が到来した後には、NDCを達成したかどうかも、報告・評価の対象となる。パリ協定は法的な義務で縛るのではなく、説明責任を強化することによって、各国をNDC達成に誘導するとの考え方をとっている。

京都議定書の行き詰まり

削減目標の決め方や位置づけを転換したのは、京都議定書ではグローバルな枠組みを構築できず、世界全体での排出削減を見込めなかったためだ。この行き詰まりには、二つの側面があった。

第一の側面は、米国の参加が連邦議会上院の反対により、事実上、不可能であったことだ。国家が国際条約に加わるには、交渉で合意した後に国内に持ち帰って、締結手続きを経る必要がある。その手続きは国ごとに異なる。米国では、合衆国憲法の規定上、大統領による締結に先立って、議会上院の「助言と承認」を得なければならず、その際、出席議員の3分の2以上の賛成を必要とする。

1997年に京都議定書を交渉していた当時、先進国の排出量は途上国よりも大きく、一人あたりの排出量でみれば、その差はさらに大きかった。そのため、気候変動は、主として先進国が引き起こした問題と捉えられていた。京都議定書の交渉は、1992年に合意された国連気候変動枠組条約（United Nations Framework Convention on Climate Change：UNFCC）のもとで行われており、同条約が先進国と途上国を区別したうえで、義務内容に大きな段差を付けていたことも相まって、先進国のみに目標を課す方向で国際交渉が進んでいた。

この方向性に明確に反対したのが、1997年7月に米国連邦議会の上院で採択された「バード＝ヘーゲル決議」である。民主党のロバート・バード上院議員と共和党のチャック・ヘーゲル上院議員が連名で提案者となった超党派の決議で、国際交渉を行う民主党のクリントン政権に対し、条約承認の権限を有する上院の意思として、「途上国にも削減目標を義務付けない限り、米国は先進国に削減目標を義務付ける議定書に加わるべきでない」と反対意見を突きつけた。その理由として、途上国の排出量は既に急増の兆しを見せており、いずれ先進国を上回る見通しであることを挙げた。

驚くべきは、この決議に対する本会議投票の結果が、賛成95対反対0（無投票5）という圧倒的なものであったことだ。気候変動対策に消極的な共和党議員のみならず、より積極的な民主党議員も、米国を含む先進国が削減義務を負う一方で、中国を含む途上国がそうした義務を引き受けない片務的な条約への参加に反対していた。

ところが、同年12月のCOP3で、ゴア副大統領が率いる米国代表団は、片務的な構造を有する京都議定書に、上院の承認の見込みが全くないにもかかわらず合意した。クリントン政権は、翌年以降に途上国にも義務を広げる交渉を行うことを想定して、京都議定書に合意したのだろう。ただ、その交渉が成功する見込みはなかった。

その後、米国は、クリントン政権のもとで京都議定書の実施規則に関する国際交渉を継続した。しかし、その合意を得る前の2001年1月に、共和党のブッシュ政権へと政権交代し、同年6月には、ブッシュ大統領が「京都議定書には根本的な欠陥がある」と表明して、交渉から離脱した。その後、8年の時を経て、2009年に民主党のオバマ政権が誕生しても、米国が京都議定書に戻ることはなかった。

行き詰まりの第二の側面は、発展途上国、特に新興国に対して、削減義務を適用することも、やはり実質的に不可能であったことだ。途上国のなかには、世界最大の排出国となった中国や、排出量が急増中のインドのような新興国が存在し、これらの国々を巻き込むことができなければ、世界全体の気候変動対策としては不十分なものとなる。しかし、米国が不参加のなかで、中国やインドが、京都議定書のもとでの義務的な削減目標に同意することはない。実際、2006年の国際交渉で、日本を含む一部の先進国は、京都議定書の構造を見直して、削減目標を課す国の範囲を先進国以外に広げていくことを求めた。しかし、途上国の反発は非常に強く、事実上、何の合意も得られなかった。米国が不参加であったことに加え、この時点では、世界全体の排出量に占める先進国の割合がまだ大きかったことも、途上国が反発を強める要因となった。

米国と途上国の目標設定を見込めないなかで、一部の先進国だけで京都議定書方式を継続しても、世界全体の排出量の半分未満しかカバーされず、しかも、そのカバー比率が、途上国の排出量が増加するなかで低下していくことは明白であった（２―１）。この限界を踏まえ、日本、ロシア、ニュージーランドは京都議定書のもとでの目標設定を２０１３年以降は継続しないと宣言した。カナダは２０１２年までの目標が未達成の見込みであったことも相まって、２０１１年12月に京都議定書からの脱退を国連に通告し、翌年12月に正式脱退となった。

結果的に、ＥＵやオーストラリアといった一部の先進国だけが、２０１３年から２０２０年までの削減目標を京都議定書のもとで引き受けることになった。そして、これらの国々も、２０２０年代以降は、京都議定書ではなく、全ての国に適用される新たな国際枠組みへと移行すべきと主張した。

京都議定書は行き詰まったのだ。

2—1　先進国と途上国の温室効果ガス排出量

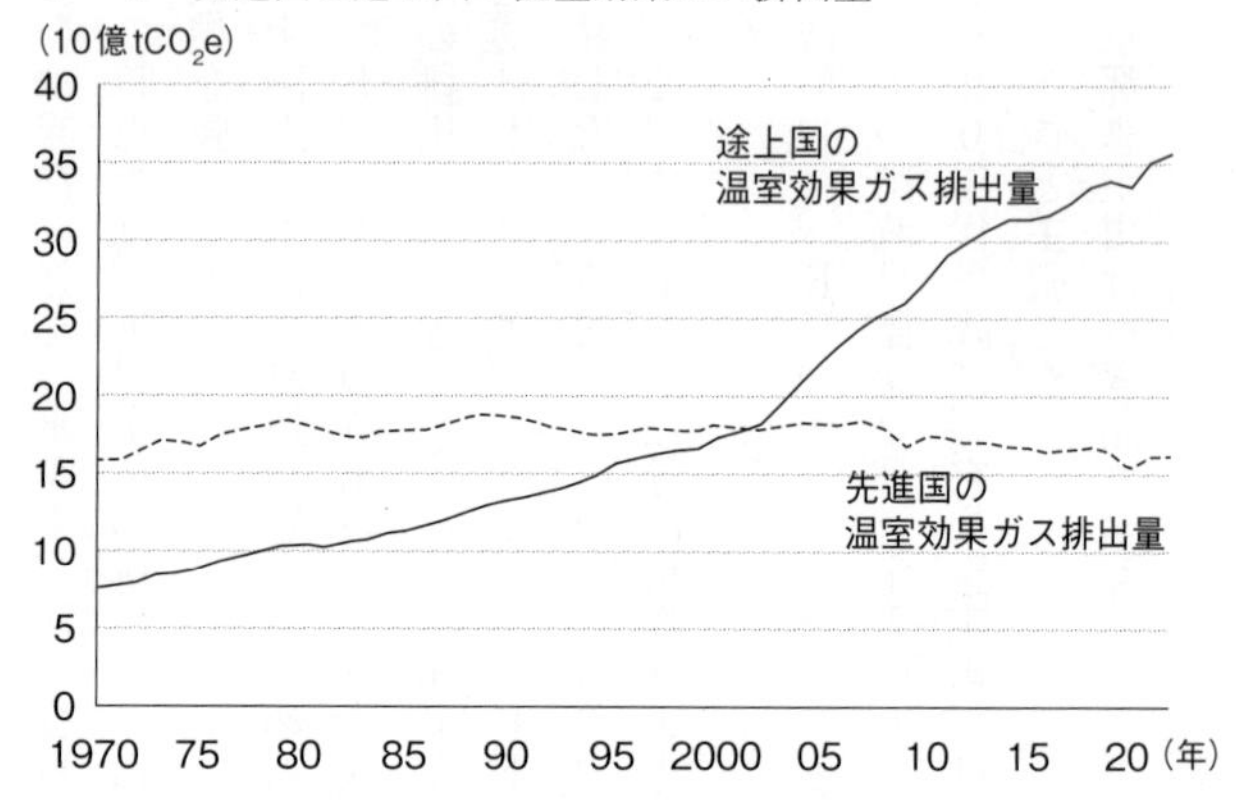

主要排出国の温室効果ガス排出量

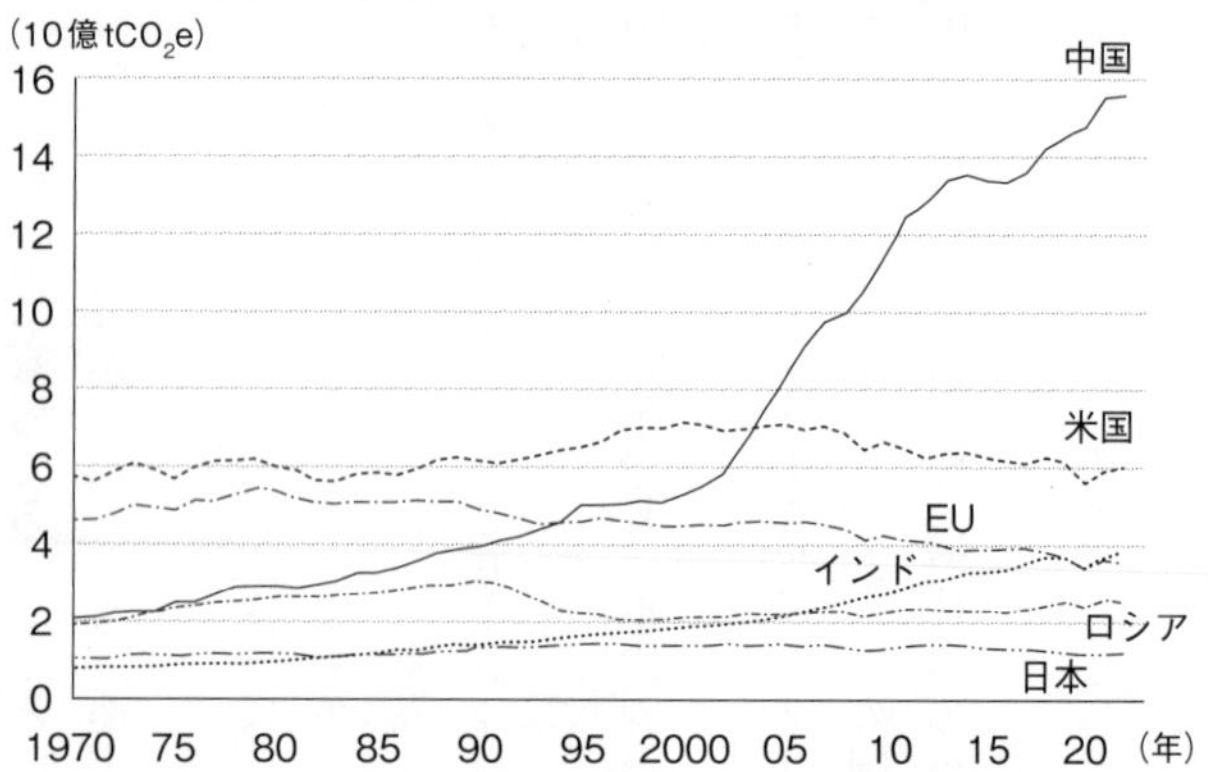

注）土地利用にともなう排出・吸収を含まない

出典：EDGAR Community GHG Database に基づき著者作成

米国参加の条件——上院承認の回避

パリ協定のNDC方式、つまり削減目標を国際交渉なしで自国決定し、さらにその達成を義務付けない制度設計は、京都議定書をグローバルな枠組みに発展させることができなかった経験を踏まえて編み出されたものだ。もともとは、米国が2013年に提案したものであり、紆余曲折を経て、パリ協定に盛り込まれた。この方式にしたことで、米国と途上国の両方が協定に参加し、削減目標を掲げることができるようになった。

まず、米国は、NDCの達成が義務ではなくなったことで、パリ協定を上院の承認なしで締結できるようになった。

先に述べたように、通常、米国が国際条約を締結するには、上院の3分の2以上の賛成が必要となる。ところが、米国が負う義務を、合衆国憲法のもとでの大統領の外交権限と既存法のもとでの行政府の権限だけで実施できる場合には、大統領は「行政協定」との位置づけで、上院の承認なしで締結可能となるのだ。

2015年当時の上院では、多数派を握る共和党が、民主党のオバマ政権の気候変動対策に対する反発を強めており、バード＝ヘーゲル決議が求める途上国の参加を得ても、締結に反対する可能性が非常に高かった。そこで、オバマ政権は、パリ協定を行政協定として上院の承認なしで締結できるように、各国との交渉を慎重に進めた。既存の権限をわずかでも逸脱しない形で、協定の細部を詰めていったのだ。その典型例が削減目標を自国決定とし、その達成を義務付けなかったことである。もしＮＤＣの達成が義務であったならば、行政府には達成を確実なものとする権限がないので、締結に際して、上院の承認が必要となるはずだった。

この点に関連して、米国の徹底した慎重さを見て取れるのは、パリ協定の第4条2項に盛り込まれた「ＮＤＣの目標を達成することを目指して、国内の排出削減措置を追求する」との義務である。一見すると、ＮＤＣの達成を遠回しに義務付けているように見える。しかし、注意深く読むと、義務となっているのは「追求（pursue）」であって、「実施」ではない。最終的に実施されるかは別として、国内で何かを試みればよく、その程度であれば、既存の権限の範囲内である。米国は、こういった一つ一つの単語の選択にまで目を光らせながら交渉を進めたのだった。

主権尊重を譲れない中国

他方、発展途上国の間では、目標設定に対する立場が一様ではなく、国が置かれている状況に応じて見解が異なっていた。

たとえば、後発開発途上国（Least Developed Countries：ＬＤＣ、いわゆる最貧国）は、自らの温室効果ガス排出量は微小である一方、他国の排出に起因する気候変動の悪影響を強く受けやすい。そのため、気候変動への寄与度が大きい先進国と一部途上国に対して、世界全体の平均気温上昇を産業革命以前と比べて１・５℃以内に抑えることができるように、削減目標を強化すべきと主張した。削減目標を、単に自国決定とするのではなく、世界全体の目標と整合させることを求めたのだ。

しかし、グローバルな枠組みを構築するためには、世界最大の排出国である中国の参加が欠かせず、削減目標を自国の裁量だけで決定できるＮＤＣ方式は、中国の同意を得るうえで不可欠であった。中国はＣＯＰにおいて、インドやサウジアラビアなどの国々と、同志途上国連合（Like-Minded Developing Countries：ＬＭＤＣ）を結成している。いわば、新興国連合だ。パリ協定の交渉でＬＭＤＣが最後まで強くこだわったのが、自国の裁量「だけ」でＮＤＣを決めることであった。

もともと、米国は２０１３年にＮＤＣという概念を提示した際に、「草案→最終決定」の二段階方式を提唱していた。削減目標は自国決定との原則に則りつつも、草案段階を設けることで、最終決定の前に、他国や国際社会の目に触れ、賞賛や批判といった評価を受けることになる。そうした社会的圧力に晒されることが事前に分かっていれば、草案の段階から踏み込んだ目標が提示されるようになるだろうと、米国は考えていた。

ところが、ＬＭＤＣは「これでは目標設定に関する各国の主権が尊重されない」と反論し、草案段階を省くことを強く要求した。建前としては自国決定であったとしても、実際には、国際的な圧力によって、削減目標の変更を迫られることを懸念したのだ。

折しも、気候変動はグローバル課題としての重要度が高まる傾向にあり、各国の政治指導者は自ら削減目標や重要な政策方針を発表するようになっていた。たとえば、日本も、２００９年6月に、麻生太郎総理大臣が２０２０年に２００５年比で15%削減との目標を掲げ、その3カ月後、民主党政権が発足すると、今度は鳩山由紀夫総理大臣が２０２０年に１９９０年比で25%減との目標を発表した。

政治指導者が自ら発表する傾向は、新興国についても同様で、たとえば、中国の習近平国家主席は、２０１４年のオバマ大統領との米中首脳会談時に「２０３０年頃に二酸化炭素の排出量の増加を止める」という目標を発表した。権威主義国の中国にとって、国家主席が自ら発表した目標を自国の発意で強化することはあっても、国際的な圧力を受けて変更することは、政治的にありえないことだろう。このような背景もあり、草案段階を省いた純粋な自国決定方式とすることは、中国が国際的に目標を掲げるうえで必須であり、実際、二段階方式は採用されなかった。

こうして、各国が他国との交渉なしで削減目標を設定し、その目標の達成を義務化しない

NDC方式をとることで、米中参加への道が開かれた。

しかし、NDC方式を定めただけで、パリ協定に合意できたわけではない。COPの交渉は、190カ国以上が参加する多国間交渉である。米中以外の国々も、それぞれに重大な関心事を有しており、そうした利害に十分に配慮しなければ、合意を得ることはできない。各国の利害は複雑に絡み合い、2015年のCOP21に向けた協定交渉は難航を極めた。

2 COP21の多国間交渉

COP交渉と日本の立ち位置

報道では、COPの国際交渉が、先進国と途上国の対立として描かれることが多い。限られた新聞の紙幅やテレビ番組の放送時間のなかで、ポイントを絞って伝えようとすると、シンプルな対立構図が採用されやすいのだろう。

しかし、実際には、対立の構図はもっと複雑である。というのも、先進国と途上国の対立だけではなく、交渉の展開次第では、先進国間での対立や、途上国間での対立が生じるためである。さらに、先進国の一部と途上国の一部が手を組んで、他の国々と対峙する場合もある。

そもそも、ＣＯＰは１９０カ国以上が参加する多国間交渉である。各国はそのなかで単独で交渉に臨むのではなく、利害が近い国々とグループを形成し交渉を進める。このグループは大小様々であり、一つの国が複数のグループに属することもある。現在のＣＯＰには、主要な交渉グループが約10組存在し、これらの間で対立と協調が錯綜（さくそう）する。少し詳しく見ていこう。

まず、途上国はＣＯＰに限らず、国連に関係する会合で、「Ｇ77＋中国」というグループを形成している。１９６０年代にこのグループが創設された時に加盟国数が77であったことが名称の由来だが、現在は１３０カ国以上が加わる巨大グループとなっている。ところが、ＣＯＰでは、途上国がＧ77＋中国として立場を統一することもあれば、一枚岩にならないこともある。

なぜなら、中国のように経済的にも発展した大排出国と、排出量は小さい一方で温暖化の被害を深刻に受ける脆弱国との間では、気候変動対策を巡って利害が一致しないからである。そのため、立場が近い国々の間で、さらなる途上国サブグループを形成している。たとえば、ＬＭＤＣとＬＤＣもそのなかに含まれる。気候変動の影響に脆弱な小島嶼国も、小島嶼国連合（Alliance of Small Island States：ＡＯＳＩＳ）を作っている。そして、途上国のサブグループの間では、しばしば意見が対立する。たとえば、ＬＭＤＣとＬＤＣでは、削減目標の設定方法について、正反対の意見だった。

これに対して、先進国は、ＥＵとそれ以外の国々に分かれて交渉を進めている。ＥＵは加盟国間で立場を統一して、ＣＯＰの交渉に臨んでいる。ＥＵの代表団は、加盟国政府の交渉官で構成されているものの、それぞれの国の立場を表明することはなく、ＥＵとして発言する。

他方、ＥＵ以外の先進国（日本、米国、カナダ、オーストラリア、ニュージーランド、ノルウェーなど）は、アンブレラグループ（Umbrella Group：ＵＧ）と呼ばれるグループを形成している。２０２３年からは、ＥＵを離脱した英国もＵＧに加わった。ＵＧは、基本的な考え方が近い国々が集まっているものの、ノルウェーのようにＥＵの立場に近い国も属している。そのため、立場を完全に擦り合わせるのではなく、おおよその協調をしつつ、メンバー国が個別に交渉にあたる。

なお、ロシアとベラルーシはもともと、ＵＧに加わっていた。しかし、２０２２年2月にロシアがウクライナに侵略すると、ＵＧの他の国々はこれら2カ国との協調を拒否し、両国はＵＧから離脱した。一方で、ウクライナは引き続き、ＵＧのメンバーである。

ＥＵとＵＧは足並みを揃えることが多いものの、完全に一つにまとまっているわけではない。たとえば、ＥＵは当初、米国が提唱し、ＵＧの支持を得ていたＮＤＣ方式にかなり否定的であった。

日本は、UGのなかでも、太平洋を取り囲む米国、カナダ、オーストラリアと近い立場を取ることが多く、米国の陰に隠れて目立ちにくいところがある。それでも、NDCに類似した「プレッジ&レビュー方式」を京都議定書の交渉時に提案したり、2021年のCOP26では、難航していた排出削減の取引制度を巡る交渉でブレークスルーとなる提案を行って合意を導いたりするなど、重要な役割を果たす場面もある。他方、2010年のCOP16では、日本は京都議定書のもとでの目標設定の継続を拒否し、EUや途上国から非常に強い批判を受けたこともあった。ただ、いずれにせよ、京都議定書が行き詰まったのは既に述べたとおりである。

先進国vs途上国、新興国vsその他

パリ協定を策定する国際交渉は、極めて複雑な構造であった。というのも、排出削減、温暖化の影響への適応、途上国支援、各国の取り組みに関する報告・レビュー制度といった複数の分野を同時に扱い、しかも、それぞれの分野には、さらに細分化された論点が多数存在し、それらが分野を跨(また)って相互に関連していたためである。交渉グループ間の対立の構図も一様ではなく、様々な対立軸が入り組んでいた。

その複雑な構図をあえて簡略化すると、三種類のトレードオフの組み合わせと捉えることができる。トレードオフとは、一方を立てれば、他方が立たなくなる相克関係であり、両立が困難であることから、妥協が求められる。

一つ目は、「先進国・途上国の区別」と「資金支援」のトレードオフである。論理的に、これらは別個の論点ではある。しかし、実際には、この二つのテーマは連動しており、先進国が資金支援に消極的になれば、途上国は区別の要求を強めていき、逆も然りの状況であった。長年の「先進国と途上国の対立」の構図だ。

1997年に採択された京都議定書は、先進国と途上国を明確に区別したうえで、両者に対する義務に大きな段差を付けた。その時点では、先進国の排出量割合が大きかったため、両者に段差を付けることには合理性があった。ところが、パリ協定を採択した2015年には、途上国の排出量が先進国を既に上回っており、世界最大の排出国も米国から中国に交代済みで、段差の合理性は損なわれつつあった。ただ、途上国のなかでも、いまだ経済発展の初期段階にある国々は、支援の強化なき段差解消を受け入れがたかった。

二つ目は、NDCを巡る「国際圧力強化」と「国家主権尊重」のトレードオフである。既に述べたように、米国が「草案→最終決定」の二段階方式を提案したのに対して、新興国連合であるLMDCがこれに強硬に反対した。他にも、国際圧力強化の方法として、世界全体での温度目標を踏まえたＮＤＣの設定や、目標提出時期の共通化と多頻度化など、様々な提案があった。しかし、ＬＭＤＣは、国家主権尊重を理由にそのいずれにも消極的であった。ここでの衝突は、主として「ＬＭＤＣとそれ以外の国々の対立」であった。

ただし、ＬＭＤＣ以外の国々が、足並みを完全に揃えていたとも言えない。たとえば、ＥＵ・ＬＤＣ・小島嶼国は、ＮＤＣの達成を義務とすべきとの立場をとった一方、米国をはじめとするＵＧの国々の多くは、義務化に反対していた。ＮＤＣはパリ協定の骨格であるがゆえに、各グループはそれぞれに強い意見を持ち、立場がばらける傾向にあった。

脆弱国の要求

三つ目は、「大排出国の削減不足」と「脆弱国への悪影響」のトレードオフである。これにはＮＤＣの本質的な矛盾が関わっている。

ＮＤＣは、各国が他国と調整せずに、自ら決めた削減目標である。そのため、各国が提示したＮＤＣを足し上げて、世界全体の排出水準を算出しても、それが温度上昇を抑えるのに十分なものとなる保証はない。実際、ＣＯＰ21でのパリ協定採択に先立って、各国はＮＤＣの草案を提示したものの、その集計値は、２℃や１・５℃といった、後にパリ協定に盛り込まれた温度目標から乖離（かいり）した水準に留まっていた。

既に述べたように、LDCは1・5℃と整合するようにNDCを調整することを求めた。他方、大排出国（先進国と新興国）は、困難な国内調整を経てNDCの草案を提示しており、COP21の場で、それを温度目標に整合するように再調整することは、政治的に不可能であった。

追加の削減が困難となると、気候変動による悪影響の顕在化は免れがたく、小島嶼国や後発開発途上国などの脆弱国への支援の必要性が高まる。特に、AOSISは、悪影響に「適応」するための支援だけではなく、生起した「損失と損害（以下、ロス&ダメージ）」への賠償責任や補償を強く要求した。その要求は、第一義的には先進国に向かう。COP21の時点ではそうであった。ただ、時が経てば、排出量が既に増大した中国などの新興国にも波及しうる。これらの国々は、ロス&ダメージへの資金協力を自発的に行うことはできても、法的な賠償責任まで受け入れることはできなかった。

このトレードオフでは「脆弱国（特に小島嶼国）と大排出国（主に先進国）の対立」の構図であった。

議長国フランスの手腕

錯綜する対立軸のなかで合意を導くには、国家間のバランスに配慮した、全ての国に受け入れられるパッケージが必要であった。COPは、全ての国の同意を前提とするコンセンサス方式で意思決定を行っているため、反対する国があれば、それが少数の国であっても、合意を採択できない。2009年のCOP15では、米国のオバマ大統領が中国を含む主要国との間で取りまとめた「コペンハーゲン合意」を、ごく少数の途上国が反対したため、採択できなかったことがあった。主要国間で合意があっても、それに同意できない国があれば、交渉は失敗となるのだ。

COP21では、この難題へのかじ取りは、議長国フランスに委ねられた。

毎年のCOPは2週間の会期で開催される。1週目は、各国の交渉官の間で合意文書の交渉が行われる。近年は1週目の序盤に、交渉とは別に、首脳会合を行うこともある。2週目は各国の閣僚が現地入りし、閣僚も加わる形で交渉を続ける。そして、最終局面では、COP議長を務める開催国の閣僚が自ら調整にあたる。合意をまとめるうえで、議長とそれを支える議長国代表団の手腕が極めて重要になる。

COP21ではフランスのローラン・ファビウス外務大臣が議長を務めた。2週目の後半になると、議長国フランスは、同時並行的に行われていた分野別の交渉を自らのもとに集約し、コンセンサスが得られそうなパッケージを模索し始めた。その際、一方的に合意案を提示するのではなく、まずは各国の意見に熱心に耳を傾けてから、全体のバランスに配慮しつつ、自ら筆を執って交渉文書を修正し、それを各国に提示して、その意見を再度聞くというサイクルを何度か繰り返した。

このサイクル自体は珍しいものではない。しかし、COP21でのフランス、特に議長を務めたファビウス外務大臣の辛抱強い傾聴の姿勢には特筆すべきものがあった。

エピソードを一つ紹介しよう。当時、ファビウス外務大臣は既に70歳に近く、高齢であった。それにもかかわらず、深夜から明け方にかけての長時間の会合に自ら参加し、自分の意見を押し付けることなく、各国の意見に丁寧に耳を傾けた。しかも、その徹夜の会合は、2週目に2回もあったのだ。

こうした献身的な姿勢は好意的に受け止められ、各国の間でフランスに筆を委ねる信頼感が醸成されていった。そして、サイクルを繰り返すなかで、コンセンサスを得ることが可能なバランスのとれたパッケージが見出されていった。

排出削減と資金支援

3種類のトレードオフについて、フランスが導き出したバランスは次の通りだった。

第一に、「先進国・途上国の区別」と「資金支援」のトレードオフについては、区別の扱いは先進国の主張に、支援の扱いは途上国の主張に寄せた。

具体的には、排出削減に関する条文において、先進国と途上国を区別せずに、全ての国に5年ごとのNDC提出の義務を課す。他方、資金支援については、2020年から2025年まで、先進国全体で年間1000億ドルの資金を、途上国に対して動員する努力目標を定めた。「動員」は公的資金の提供だけではなく、公的資金を呼び水に引き出された民間資金も含むものと解されている。2025年以降については、年間1000億ドルを下限値として、2024年までに新たな目標を設定することになった。

NDC強化の仕掛け

第二に、NDCを巡る「国際圧力強化」と「国家主権尊重」のトレードオフについては、LMDCに配慮して、「草案→最終決定」の二段階方式を採らないことにしつつ、それ以外の国々の立場に寄せるべく、国際圧力を高める他の提案を多く採り入れた。

たとえば、NDCの提出時期を5年サイクルで共通化することで、各国のNDCとその裏付けとなるエネルギー政策が5年ごとに世界的な関心事となり、国際的な圧力が高まるようにした。しかも、2025年からは、提出時期を「その年のCOPの9〜12カ月前まで」と短い期間に絞っており、関心が集中しやすくなっている。

さらに、NDC提出からCOPまでの期間を9カ月以上と長くすることで、各国のNDC

が、他国、環境団体、研究機関などによる様々な評価に晒されるようにした。米国の二段階方式提案は、最終決定の前に様々な評価を受けることで、一段階目から踏み込んだ目標が提示されることを企図したものであった。COPに十分に先立ってのNDC提出を義務付けることで、二段階方式を避けつつも、それと同様の効果を期待できる。

また、「グローバルストックテイク」と呼ばれる評価プロセスを通じて、各国のNDCと次項で説明する温度目標（2℃と1・5℃）を間接的に結びつけた。

実は、パリ協定は、NDCと世界全体の温度目標を直接的には関連付けていない。その代わりに、NDCの策定に先立って、グローバルストックテイクを実施し、世界全体での排出削減の進捗が、温度目標の達成に向けて十分であるのかを評価することになった。この評価は世界全体を対象とするもので、国別の進捗度は評価せず、さらに、その評価結果は、各国のNDC策定に対して情報を与えるもの（英語ではinform）との弱い位置づけに留められている。つまり、どう活用するかは各国次第であり、温度目標とNDCの間に、各国の判断が介在する形となっている。それでも、NDCと温度目標が、グローバルストックテイクを介して間接的には関連付けられており、各国は温度目標を全く無視してNDCを策定することが難しくなった。

こうして、目標を自国決定として、その達成を義務付けないとの基本構造に、各種の国際的な圧力を付加して、NDC方式が完成した。

第三に、「大排出国の削減不足」と「脆弱国への悪影響」のトレードオフについては、まず、脆弱国が強く求め続けていた「1・5℃目標」を協定に盛り込み、削減不足の懸念に配慮した。

2℃と1・5℃の合意

温度目標の歴史を辿ると、2010年のCOP16で採択された「カンクン合意」のなかに、2℃目標が既に記載されていた。ところが、AOSISやLDCといった脆弱国は、そうした国々の安全や生き残りのためには、2℃では不十分で、1・5℃とすべきと主張し、1・5℃目標の可能性を継続検討することになった。カンクン合意は、EUなどの一部の先進国が京都議定書の目標設定を2020年まで継続するなかで、他の国々の取り組みの受け皿として作られたものである。先進国と途上国の区別を堅持しつつ、各国がこの合意のもとで2020年までの目標や取り組みを自主的に掲げた。京都議定書と並ぶ協定の前身とも位置づけられるが、京都議定書やパリ協定とは異なり、法的拘束力のない政治合意であったことから、グローバルな枠組みの最終形にはなりえなかった。そして、カンクン合意以降、2℃目標を保持しつつ、脆弱国が求める1・5℃も検討課題とする状況が続いていた。

しかし、ＣＯＰ21直前の２０１５年10月末に、ＵＮＦＣＣＣの事務局が、各国のＮＤＣ草案を足し上げても、１・５℃以内どころか２℃以内にも届かないとの分析結果を発表すると、脆弱国は態度を硬化させ、１・５℃目標やロス＆ダメージに関する要求を強めた。脆弱国は気候変動の原因者ではない一方、深刻な被害を受けるため、他の国々は道義的にもその要望に配慮する必要があった。

そのようなか、ＣＯＰ21の準備会合（プレＣＯＰ）が開催された。この会合では、協定のなかに、２℃目標を前提としつつも、「脆弱国にとって、１・５℃は安全上必要である」との認識を記載することについて、おおよそのコンセンサスが形成された。

この認識を示したからといって、ＮＤＣの強化がなければ、削減不足が解消されるわけではない。それでも、各国がＮＤＣを見直す際に、国際的な圧力が強まる効果を期待できる。削減不足の解消に向けて、大排出国が一歩譲歩した形となった。

ＣＯＰ21では、２週目に温度目標の最終的な調整が行われ、「世界全体の平均気温の上昇を産業革命以前と比べて、２℃より十分に低い水準に抑え、１・５℃以内に抑える努力を追求する」との温度目標への合意を得た。２℃と１・５℃を目標として併記し、２℃には「十分に低い（well below）」を付して、より小さい温度上昇へと意味合いを傾かせた。他方、１・５℃は努力目標というやや弱い位置づけに留めた。

ロス&ダメージ

しかし、温度目標だけで削減不足が解消されるわけではなく、脆弱国はロス&ダメージへの対応を求め続けた。大きな争点は、①パリ協定にロス&ダメージへの協力を含めるかどうか、②含める場合に、賠償責任や補償を盛り込むかどうか、③ロス&ダメージは適応の一部なのか別個なのかという3点であった。

ロス&ダメージは、COP21の序盤から大きな争点となった。初日の首脳会合に参加したオバマ大統領は小島嶼国の首脳と会談し、ロス&ダメージについての意思疎通を深めた。その後も、米国と小島嶼国などとの間での調整が重ねられた。米国が交渉の前面に立ったのは、上院の承認を得ずに締結できるように、慎重に条文を作りこむ必要があったためだ。ロス&ダメージは新しい概念であり、条文の設計を誤ると、大統領と行政府の既存権限では履行できず、上院の承認が必要になりえた。しかし、ロス&ダメージを「適応」の一部と位置づけられれば、適応は米国が1990年代から参加している国連気候変動枠組条約にも盛り込まれており、新しい分野ではないので、上院の承認は不要との説明が可能であった。

最終的には、パリ協定にロス&ダメージに関する条文（第8条）を盛り込み、早期警報システムやリスク管理などの適応とも捉えられる分野と、回復不可能な事象といったロス&ダメージに直結する分野の両方についての協力促進を規定した。そのうえで、協定と同時に採択した政治合意のなかで、「第8条はいかなる賠償責任や補償の基礎も含まないことに合意する」と定めた。また、ロス&ダメージが適応の一部なのかどうかについては、どちらとも解釈しうる形での決着となった。ロス&ダメージへの協力をパリ協定に盛り込む点では、脆弱国の要求に配慮しつつも、賠償責任と補償の否定という点では、先進国に寄せる形での妥協だった。

米中協力の時代

こうして、全ての国が合意可能なパッケージが見出され、パリ協定が採択された。NDC方式は、米国と中国の参加を可能にする新機軸であった。ただ、それだけでパリ協定に合意できたわけではなかった。そこには、決して大国主導だけでは決着させられない、190カ国以上が参加する多国間交渉のダイナミズムがあり、各国の利害が複雑に入り組んだ交渉を、最終的には議長国フランスがまとめ上げていった。

議長国フランスの手腕以外にも、COP21を成功に導いた様々な要因が存在した。そのなかでも、特にインパクトが大きかったのが、米国と中国の首脳共同声明である。しかも、声明は2回も発出された。

1回目の声明は、2014年11月に、オバマ大統領が中国を訪問した際に発表された。このなかで、オバマ大統領は「2025年に2005年比で26〜28%削減」との目標を、習近平国家主席は「2030年頃に二酸化炭素排出の増加を止める」との目標を、NDCの草案として発表した。この発表は事前に予想されておらず、驚きをもって受け止められた。当時、各国はNDCの草案を、翌年のCOP21に十分に先立って提出することが求められており、各国の目標に対して、国際的な関心が高まっていた。日本もエネルギーミックスを見直しつつ、2030年の削減目標を検討していた。そこへ、米国と中国という二大排出国の首脳が、他国に先んじて目標を共同発表したことで、両国の協調が国際社会に印象づけられ、1年後のCOP21に向けた交渉を前に進めようという機運が生まれた。

さらに、この声明は、先進国と途上国の間での義務の段差を解消する第一歩も踏み出した。当時、中国は交渉において、UNFCCCの「共通だが差異ある責任」の原則を尊重すべきと主張し続けていた。気候変動に取り組むことは共通の責任である一方、先進国と途上国の間で対応に差異があるべきとの趣旨である。京都議定書はこれを反映したものであった。他方、米国をはじめとする先進国は、一部の途上国が大排出国となるなかで、両者を区別することは合理的ではないと反論していた。

米中共同声明は「新たな合意は、共通だが差異ある責任と個別能力に従うという原則を、様々な国別事情を考慮して反映する」と打ち出した。「個別」や「国別」には、先進国と途上国といった大きな括りではなく、国ごとに差異化するとのニュアンスが込められている。これは、全ての国に提出義務を課しつつも、その内容は各国が自ら決めるものであって、結果的には国ごとの差異化に至るというＮＤＣ方式と符合する。中国は共同声明以降の国際交渉でも、先進国と途上国の間で差異化するべきと主張し続けたものの、以前よりも態度を軟化させ、最終的には、中国を含む全ての国に対するＮＤＣの提出義務を受け入れた。「共通だが差異ある責任と個別能力に従うという原則を、様々な国別事情を考慮して反映する」とのフレーズも、ほぼこのままの形でパリ協定に盛り込まれた。

２回目の声明は、２０１５年９月に、今度は習近平国家主席が米国を訪問した際に発表された。12月のＣＯＰ21の直前であり、その時点で各国間の合意を得られていなかった争点の一部に関して、米中が合意可能な方向性を示した。たとえば、途上国支援を提供する国の範囲について、それまでの国際交渉では、先進国は「先進国以外にも広げるべき」と主張する一方、中国などは「先進国に限定すべき」と反論して平行線を辿っていた。この争点について、米中合意では「先進国は途上国支援を継続し、その意思を持つ他国による支援も奨励」とした。支援提供国の範囲を広げつつも、「奨励」というやや弱い意味合いの言葉を用いることで、先進国との段差を付けた。この考え方は言葉遣いを調整したうえで、パリ協定に反映された。他のいくつかの争点についても、米中共同声明で示された方向性が協定で採用された。

こうして、二度にわたる米中共同声明はCOP21に向けた機運を醸成し、さらにパリ協定の一部の条文を規定するなど、合意形成に大きく寄与したのだった。

COP21後も、米中はパリ協定の「発効」で協調した。パリ協定は「全温室効果ガス排出量の推定55%以上を占める55カ国以上の国々が締結した日より30日後」に発効して、法的効力を持つことになっていた。第1章で述べたように、当時、大統領選挙の共和党候補だったトランプ氏がパリ協定をキャンセルすると宣言しており、協定を早期に発効させ、米国の脱退を防ぐことが急務となっていた。そのようななか、2016年9月、オバマ大統領がG20杭州（こうしゅう）サミットへの参加のために訪中した機会を捉え、オバマ大統領と習近平国家主席は国連事務総長に対して、パリ協定の締結書を同時に寄託した。米中同時締結である。二大排出国が締結することで55%以上の要件を満たす可能性が高まり、早期発効の見通しが立った。

2010年代の中頃は、米国と中国が気候変動問題で協調できた時代であったのだ。

3　脱炭素時代の揺らぐ協調

協定の実施指針

COP21の後、国際交渉ではパリ協定の実施指針策定が議題となった。協定を2020年代から本格的に実施する際には、より細かいルールが必要であったためだ。

ルールの良し悪しは協定の実効性を左右するため、大事な交渉だった。ただ、協定自体の交渉に比べれば、細かく、地味な内容だ。詳細に分け入るほど交渉は複雑になり、先進国vs途上国やLMDC vsその他といった従来の構図だけではなく、LMDC&アフリカ諸国vsその他、一部の中南米諸国&アフリカ諸国vsサウジアラビア、ブラジルvsその他など、対立軸がCOP21以上に入り乱れた。

交渉が混沌とした原因の一つは、途上国の主張であった。排出削減に対してNDCの仕組みを設けたように、温暖化の影響への適応や途上国への資金支援にも似た仕組みを定めるべきと求めたのだ。しかし、その具体的方法を巡って、先進国と途上国の間だけではなく、途上国のサブグループ間で意見が割れた。

米国は2017年6月の脱退表明後も、形式的にはパリ協定の締約国であり続け、この交渉に参加した。脱退する協定のルールを交渉する捻じれはあったものの、米国代表団の態度は建設的であり、交渉の進展に貢献した。

そして、2018年のCOP24で実施指針が合意され、NDCに対する透明性強化のルールやグローバルストックテイクの実施方法などが定められた。対立軸が入り乱れた適応と資金支援についても、途上国の適応支援ニーズの評価や、先進国の資金支援に関する事前の情報提供のルールなどへの合意を得た。これでパリ協定の実施に向けた準備は整った。

IPCC1・5℃報告書

同時に、この頃から1・5℃目標が焦点となった。パリ協定は、脆弱国の要求に応じて、温度上昇を1・5℃以内に抑えることを、2℃と併記する形で努力目標として盛り込んだ。同時に、気候変動に関する政府間パネル（Intergovernmental Panel on Climate Change：IPCC）に対して、2018年までに1・5℃に関する特別報告書を作成するように要請した。IPCCはCOP24直前の2018年10月に1・5℃特別報告書を発表し、1・5℃と2℃の違いを詳しく分析したうえで、温暖化が1・5℃から2℃に進行すると、リスクの水準が一層高まると指摘した。

この指摘を契機として、2℃以内に抑えるだけでは不十分で、1・5℃以内を目指すべきとの声が強まった。2019年頃までには、最初に提案した脆弱国だけではなく、EUや一部の中南米諸国（コロンビア・チリ・ペルーなど）も、1・5℃目標との整合性を求めるようになった。国際交渉で影響力を有する環境団体も当然、その立場であった。

当時高校生だったスウェーデンのグレタ・トゥーンベリ氏が国連で演説したのも、2019年である。国連のアントニオ・グテーレス事務総長が主催する「2019年国連気候行動サミット」に登壇したトゥーンベリ氏は、IPCCの1・5℃特別報告書で示された数字を織り交ぜながら、1・5℃以内に抑えるには、2030年に排出半減を超える対策が必要であるにもかかわらず、現時点の対策はその規模に全く達していないと指摘し、サミットに集った世界の首脳に対して、語気に怒りを込めて、「よくもそんなことを！（How dare you!）」と連呼した。

ネットゼロ排出の実現時期

1・5℃目標との整合性に焦点が当たるなかで、新たな争点が浮上した。「カーボンニュートラルをいつまでに実現するか」である。

「カーボンニュートラル」とは、人間活動による二酸化炭素の排出量が、植林などの人間による炭素吸収量と釣り合って、差し引きゼロとなる状態を指す。差し引きは英語でネット

(net) であることから、「ネットゼロ排出」と呼ぶことも多い。また、よりシンプルに「脱炭素」とも表現される。カーボンニュートラルの実現時期が争点になるのは、排出量と温度上昇の相関に関する科学的知見が密接に関連している。手短に説明してみよう。

１９９２年に採択されたUNFCCCは、「大気中の温室効果ガスの濃度を危険ではない水準に安定化させる」という濃度安定化目標を定性的に掲げていた。そのため、１９９０年代や２０００年代の前半は、どの濃度水準を目指すべきかが主に議論された。

ところが、２０００年代後半になると、EUが温度上昇を2℃以内に抑えるべきと主張するようになった。EUの内部では以前から2℃を求める声があり、外交の場面でも、その主張を展開するようになったのだ。そして、２０１０年のカンクン合意に、２℃目標が盛り込まれた。

濃度安定化から温度上昇の上限へと目標が切り替わったなか、IPCCは２０１３年の第五次報告書で、「人間活動による二酸化炭素の累積総排出量と世界の平均気温の上昇は、ほぼ比例関係にある」との知見を取りまとめた。累積総排出量とは、産業革命以降の毎年のネット排出量を積み上げたものである。カーボンニュートラルが実現すると、累積総排出量の増加が止まるので、この比例関係を踏まえれば、温度上昇も止まることになる。これは長年の研究を通じて経験的に見出された知見で、科学の進歩である。

この知見が確立されたことで、それ以前は「排出量→濃度→温度」という三つの変数の関係を考えなければならなかったものが、濃度を介さずに、二酸化炭素排出量と温度上昇の関係を直接的に捉えられるようになった。温度目標が決まれば、それと整合的な二酸化炭素排出量やカーボンニュートラルの実現時期を導けるのである。ただし、不確実性があるため、一つの数字ではなく、幅を持った数字となる。

ＩＰＣＣの最新の報告書（２０２３年）によると、世界全体でカーボンニュートラルを実現する時期は、温度上昇を１・５℃に抑える場合は２０５０年頃、２℃より低く抑える場合は２０７０年頃とのことである。これは幅があるなかでの中央値であり、どちらの温度目標を目指すかによって、カーボンニュートラルの実現時期が前後する。また、温室効果ガスには、二酸化炭素だけではなく、メタンやフロン系ガスなども含まれるが、温室効果ガス全体では、温度上昇を１・５℃に抑える場合は２１００年頃にネットゼロ排出を実現、２℃より低く抑える場合は２１００年時点でネットゼロ排出にまだ到達していないとされている。

ここで注意すべきは、「カーボンニュートラル」と「脱炭素」は、「カーボン」や「炭素」が使われていることから、通常、「二酸化炭素のみ」でのネットゼロ排出を指すものの、一部の国では、二酸化炭素だけではなく、「温室効果ガス全体」でのネットゼロ排出を指す場合があることだ。地球温暖化への影響の度合いは、全温室効果ガスのなかで二酸化炭素が最も大きく、まずは二酸化炭素のネットゼロ排出を実現することが重要となる。しかし、他のガスの影響度も無視できないので、対策を考える際には、二酸化炭素以外も含めて、総合的に捉える必要がある。この政策的な背景を踏まえ、カーボンニュートラルと脱炭素を温室効果ガス全体でのネットゼロ排出と捉える場合があり、日本政府もこの捉え方をしている。ただ、世界的な傾向としては、温室効果ガス全体を扱う際には、ニュートラルよりも、ネットゼロ排出という言葉を用いることが多い。

そこで、以下、本書では、基本的には「ネットゼロ排出」を用いつつも、各国の用例を整理する場合には、カーボンニュートラルなども使うことにする。

主要国の目標

2018年のIPCCによる1・5℃特別報告書を受けて、多くの国が2050年ネットゼロ排出を目標として掲げるようになった。先行したのは、欧州だった。

EUはもともと、2009年に「2050年に1990年比で80～95%減」を掲げていたところ、2019年に、EUの立法府に相当する理事会と欧州議会が「2050年ネットゼロ目標」を承認した。その後、この目標は2021年に成立した「欧州気候法」に盛り込まれ、EU全体の義務と位置づけられた。EUでは、温室効果ガス全体のネットゼロ排出を

「気候ニュートラル」と呼んでおり、欧州気候法でもこの言葉が使われている。

EUからの離脱を決めた英国も、当初は2050年8割減を掲げていた。しかし、2019年6月に、気候変動法を改正し、2050年ネットゼロ目標の実現を担当大臣の責務と位置づけた。

米国では、2019年6月、民主党のバイデン氏が翌年の大統領選挙に向けて、気候変動に関する公約を発表し、「2050年までに国内排出をネットゼロにする」との目標を提示した。民主党の他の有力候補も同様の目標を掲げており、政権交代すれば、米国も2050年ネットゼロ排出を掲げるものと早い段階から予想されていた。実際に、バイデン大統領は、就任直後の2021年1月27日の大統領令で、2050年までにネットゼロ排出を実現すると打ち出した。

他方、中国の習近平国家主席は、2020年9月の国連総会で、「2060年までのカーボンニュートラル達成を目指す」と表明した。欧米に対して、10年の差を付けている。また、2030年目標については、従来、同年「頃」に二酸化炭素排出の増加を止めるとしていたものを、同年「まで」に止めると微妙に改めた。どちらにせよ、2030年から2060年までの30年で一気にネットゼロ排出まで減らしていくことになる。カーボンニュートラルの範囲が二酸化炭素だけなのか、温室効果ガス全体なのかは、中国政府の公表資料からは、はっきりとは読み取れない。

菅総理のカーボンニュートラル宣言

日本では、2020年10月、就任直後の菅総理が国会での所信表明演説で「我が国は、2050年までに、温室効果ガスの排出を全体としてゼロにする、すなわち2050年カーボンニュートラル、脱炭素社会の実現を目指すことを、ここに宣言いたします」と表明した。演説では「カーボンニュートラル」が用いられているものの、二酸化炭素だけではなく、温室効果ガス全体を対象とすることが読み取れる。従来目標は80%減だったので、目標は大幅に強化された。欧米と中国の動向に加え、国内でも安倍(あべ)政権時代からの検討課題であったことを踏まえ、菅総理が政権発足の節目で決断したものと思われる。その後、2021年5月には、地球温暖化対策推進法が改正され、基本理念として、「2050年までの脱炭素社会の実現」が位置づけられた。条文では、「脱炭素社会」は、温室効果ガスのネットゼロ排出と定義されている。

菅総理のカーボンニュートラル宣言は、日本の気候変動対策の転換点であり、国民に与えたインパクトが強かった。この点は、グーグル検索のトレンドからも読み取れる。2―2は「カーボンニュートラル」とその類語の「脱炭素」が、2020年初めから2023年末ま

2―2　「カーボンニュートラル」及び「脱炭素」の検索頻度（2020〜2023年）

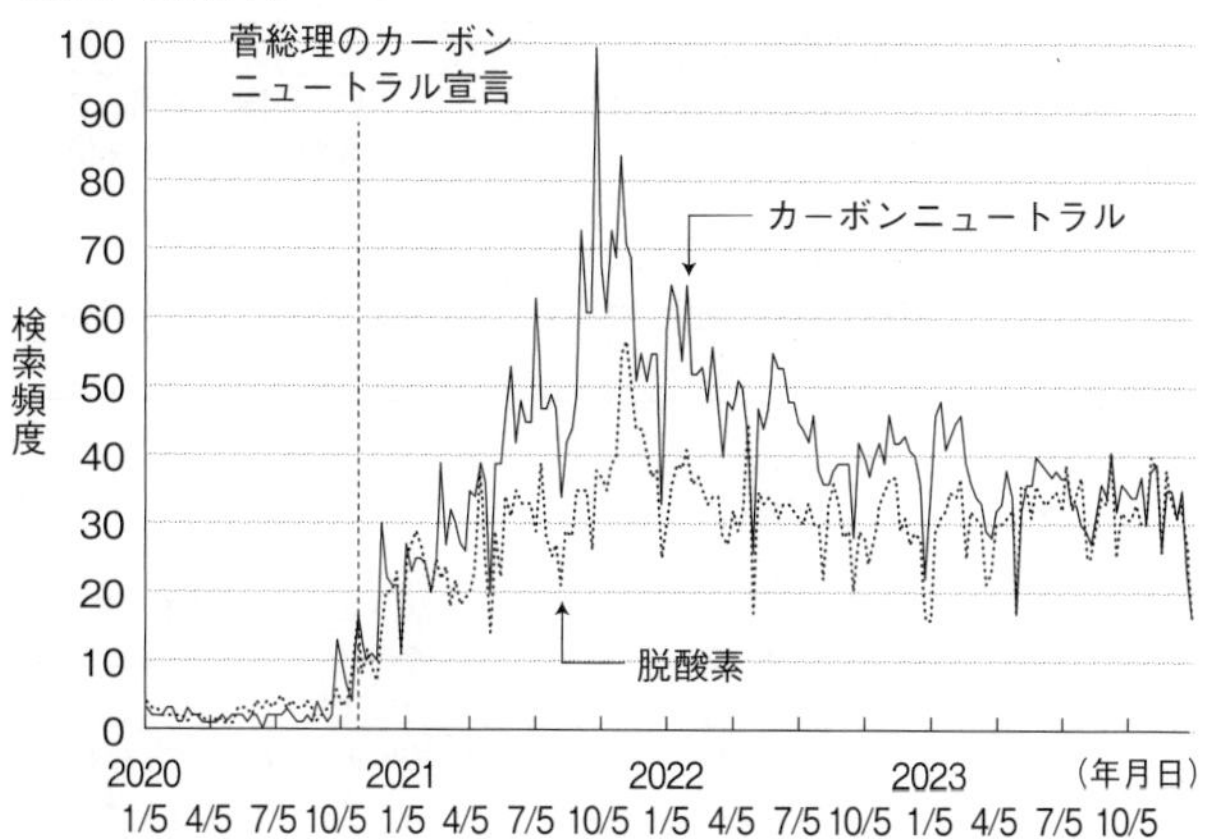

注）縦軸の検索頻度は、2つの検索語のうち、最も検索された時期を100とした相対値を表す

出典：Google Trends のデータ（2024年2月8日）に基づき著者作成

でに、どのくらいの頻度で検索されたかを示したものである。どちらも2020年初頭は検索頻度が低かったが、10月のカーボンニュートラル宣言を契機に頻度が増加した。興味深いのは宣言の直後にピークが来るのではなく、1年程度をかけて、検索頻度が高まった点だ。2022年以降は「カーボンニュートラル」の検索頻度はやや低下、「脱炭素」は横ばいとなるものの、宣言以前と比べて、かなりの高位で安定している。

　このことは、カーボンニュートラルと脱炭素が一過性のブームではなく、取り組むべき課題として、日本社会に定着したことを示唆する。実際、内閣府の世論調査によれば、「脱炭素社会」の認知度は2020年11月時点では68・4％であったが、2023年7月には83・7％まで増加した。さらに、菅総理の宣言後、日本企業は大企業を中心に、2050年カーボンニュートラル目標を相次いで宣言するなど、経済界にも浸透していった。

世界全体を見渡すと、2019年から2021年にかけて、2050年ネットゼロ目標を掲げる国が急増した。執筆時点では、120カ国を超えている。2050年より前とする国と、2050年より後とする国は、それぞれ10カ国強であり、全てを合わせると、150カ国程度がネットゼロ目標を有している。世界全体の温室効果ガス排出量の8割程度を占めるG20でも、2050年の国が多いが、排出量が大きい非西側の6カ国は、2050年よりも後となっている（2―3）。

2―3　G20各国のネットゼロ排出目標

目標年	国名
2045年	ドイツ
2050年	日本、米国、カナダ、EU、英国、韓国、オーストラリア、南アフリカ（CO_2のみ）、メキシコ、ブラジル、アルゼンチン
2053年	トルコ
2060年	中国、ロシア、サウジアラビア、インドネシア
2070年	インド

温度目標とNDCの乖離

ネットゼロ目標と並行して、2020年を提出期限とするNDCも大きな争点となっていった。

もともと、各国は2015年のCOP21に先立って、NDCの草案を提出した。その草案は2016年のパリ協定発効と同時に、正式にNDCとなった。NDCは5年ごとの提出が義務付けられており、次の提出時期は2020年であった。2015年に2030年目標を提出した国（日本、EU、中国、インドなど）は再度、2030年目標を提出し、2025年目標を提出した国（米国、ブラジルなど）は新たに2030年目標を提出することになっていた。

問題となったのは、パリ協定が定めた温度目標との整合性であった。2―4を見てほしい。グラフの横軸は2000年から2050年までの時間軸であり、縦軸は世界全体の排出量である。右下に伸びる2本の矢印は、上から順に温度上昇を2℃以内及び1・5℃以内に抑える際の世界全体の排出量の推移を表す。これに対して、2016年4月時点の各国のNDCを積み上げた世界全体の排出量は、2025年と2030年のところに示された四角である。上下に多少の幅はあるものの、その下端をとっても、2℃と1・5℃の矢印よりも高い。つまり、このままでは温度目標の達成は困難であった。

そのため、2020年のNDC提出に向けて、温度目標、特に1・5℃目標の達成に近づくように、各国はNDCを強化すべきとの国際的な圧力が高まりだした。グテーレス国連事

2—4　温度目標とNDCの乖離

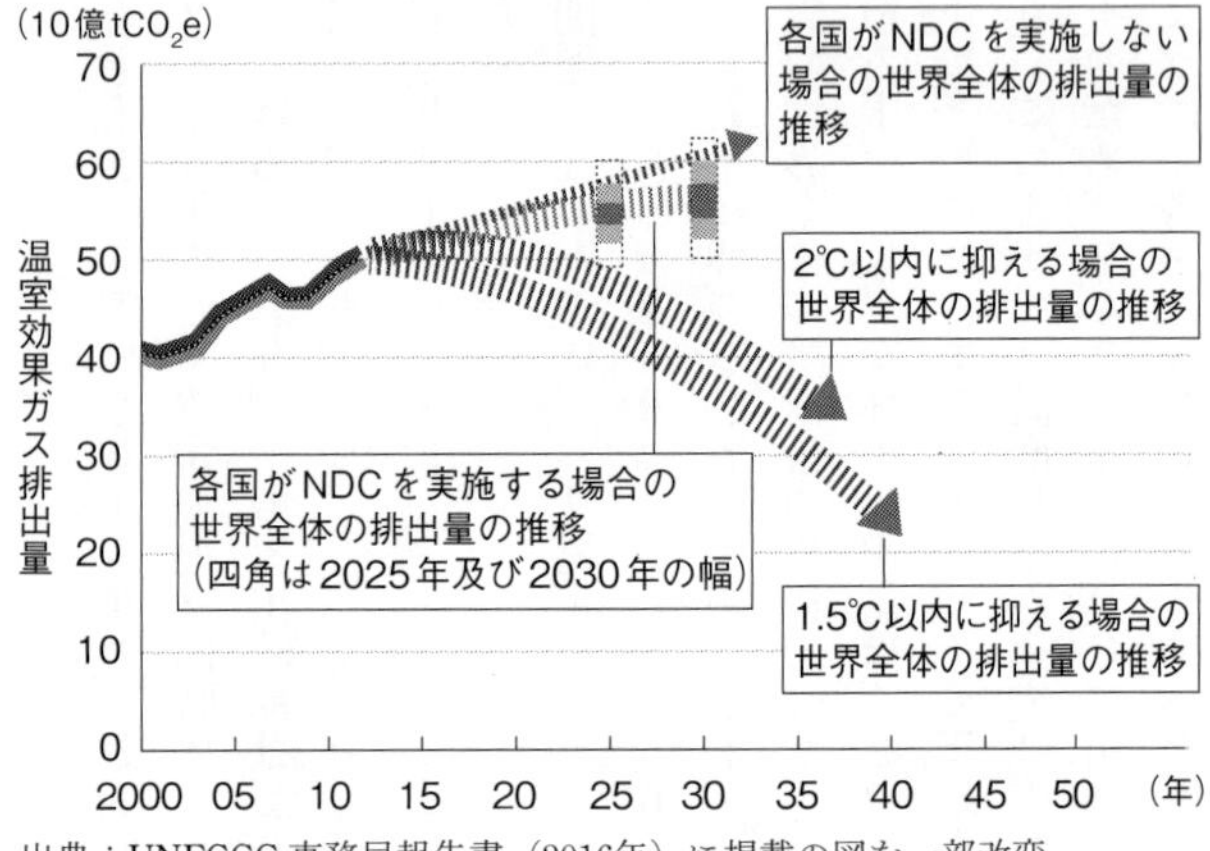

出典：UNFCCC事務局報告書（2016年）に掲載の図を一部改変

務総長が2019年国連気候行動サミットを主催し、グレタ・トゥーンベリ氏が登壇したのは、その一環である。本章で繰り返し述べてきたように、NDCは各国が自国で決定するものであり、国際的に強制されるものではない。とはいえ、国際情勢を全く無視することも政治的には難しい。こうした機運の醸成は、NDC方式の実効性を高めるうえで、重要な仕掛けであったのだ。

欧米の攻勢

しかし、2020年の提出には大きな問題があった。米国である。パリ協定からの脱退手続きを進めるトランプ政権が、2020年にNDCを提出することはありえなかった。世界第2位の排出国である米国抜きでは、N

DC強化の機運を醸成するのに、どうしても限界が出てくる。

　ところが、提出時期が２０２１年となれば、状況が大きく変わる可能性があった。２０２０年の大統領選挙で民主党候補が勝利し、２０２１年１月に政権交代すれば、米国がパリ協定に復帰して、意欲的なＮＤＣを提出し、さらに他国にも圧力をかけるからだ。実際、民主党のバイデン氏は、２０１９年６月に発表した気候変動に関する公約のなかで、「就任当日にパリ協定に再加入するだけではなく、就任から１００日以内に主要排出国の首脳が参加する気候サミットを主催し、現行目標を超える野心的な目標の提示を求める」との考えを示していた。

　そうしたなか、２０２０年初頭から、新型コロナウイルス感染症が世界的にまん延し、４月初めには、英国で11月に開催予定だったＣＯＰ26を１年延期することが決まった。これにともない、ＮＤＣの提出時期も、事実上、１年先延ばしとなった。

　仕切り直しとなったＮＤＣ強化で、ＥＵと英国はまたも先行した。それぞれ、２０１９年に「２０５０年ネットゼロ排出」を承認済みであり、これと整合する２０３０年目標を検討していた。そして、２０２０年12月、国連・英国・フランスが共催する「気候野心サミット」の直前に、２０３０年目標の強化を決定した。ＥＵはもともと１９９０年比で40％減としていたものを、55％減に引き上げた。英国は、ＥＵ離脱後の初めてのＮＤＣ設定であり、

1990年比で68%減を掲げた。離脱前は、EU全体の40%減のなかで、英国の分担は53%減とされていたので、EU・英国ともに15ポイント分の強化となった。

また、中国の習近平国家主席はこのサミットで、「GDPあたりの二酸化炭素排出量」を2005年比で65%減少させると発表した。GDPあたりという指標を用いているのは、経済が成長すれば、その分だけ排出量が伸びることを織り込むためである。従来の目標は60〜65%の減少であり、幅の上端に寄せる形での目標強化であった。

日本の菅総理はビデオメッセージで、10月に宣言した「2050年カーボンニュートラル」を紹介しつつ、2030年目標の議論を進めており、翌年11月のCOP26までの提出を目指すとした。

そして、2021年1月、就任直後のバイデン大統領は、「気候首脳サミット」を4月22日に開催し、米国自身もサミットまでにNDCを提出すると表明した。第1章で述べたように、米国がNDCをサミットに間に合わせるとしたのはサプライズであり、サミットに招待される主要排出国は、日本も含め、その場でNDC強化を表明するかが問われることになった。菅総理は、前年12月の国連・英国・フランス共催のサミットでは11月のCOP26までの提出を目指すとしたが、意思決定を4月に前倒しできるのかが課題となった。

日本の46％目標

バイデン政権が発足した時点で、日本はＮＤＣとして、「２０３０年に２０１３年比で26％減」を掲げていた。この目標は、安倍政権が２０１５年のＣＯＰ21に先立って決定したものだった。しかし、２０２０年10月に菅総理が「２０５０年カーボンニュートラル」を宣言すると、２０３０年目標をこれと整合的にどう強化するかが議論の焦点となった。

国内では、２０２０年11月に、経済産業省の審議会が２０５０年カーボンニュートラル実現の検討に着手した。この審議会は、エネルギー政策の基本的な方向性を示す「エネルギー基本計画」の見直しを諮問されていた。同計画はＮＤＣの基礎をなすものであり、２０５０年カーボンニュートラル実現の検討結果は、２０３０年目標の見直しに反映されることになっていた。審議会は、２０５０年に関する議論を踏まえ、２０２１年３月11日に、２０３０年のエネルギーの絵姿の検討に着手した。

一方、外交面では、菅総理が２０２１年４月15日から18日にかけて訪米し、バイデン大統領との首脳会談を行った。バイデン大統領が就任後に対面で会談する初めての外国首脳となり、日米関係の重要性が印象づけられた。気候変動は会談の重要テーマの一つであり、両首脳は成果として、「日米気候パートナーシップ」を発表し、「２０５０年ネットゼロ目標とそれに整合的な２０３０年目標の達成」を掲げた。そして、菅総理は帰国後の19日に、２０３

０年目標について、「サミットを一つの節目として判断したい」と発言した。意思決定を前倒ししたのだ。

サミット当日の4月22日、菅総理は総理官邸の会議で「２０３０年度に、温室効果ガスを２０１３年度から46%削減することを目指します。さらに、50%の高みに向けて、挑戦を続けてまいります」と表明した。本章の冒頭で取り上げたシーンだ。従来の目標から20ポイントも引き上げる野心的な目標である。菅総理はこの目標をもって、バイデンサミットに臨んだ。

しかし、この時点では、国内での専門的な検討は道半ばであった。経済産業省の審議会は、4月13日にエネルギー消費と再生可能エネルギーを取り上げ、4月22日には総理官邸の会議と同時並行で、原子力発電、火力発電、水素などを議論した。定量的な検討の材料は部分的には集まっていた一方、２０３０年の全体的な絵姿を示す段階にはなかった。

菅総理は46%の意味合いについて、「積み上げてきた数字で、全力を挙げれば、そこが視野に入った」と説明した。小泉進次郎（こいずみしんじろう）環境大臣も、視野に入ったとの比喩を踏襲し、「くっきりとした姿が見えているわけではないけど、おぼろげながら浮かんできたんです。46という数字が。シルエットが浮かんできたんです」と話した。また、「どこまでだったら積み上げられるか、そして積み上げだけではなく、（中略）先進国としてのリーダーシップを発揮するレベルで行けるか、この繰り返した結果が46です」とも語り、先進国としての立場を考慮したことも明かした。梶山弘志（かじやまひろし）経済産業大臣は、審議会での検討に言及しつつ、「大体数値を出しておりますので、そういったなかで総理の決断があったものだと思っております。粗々の数値は出したうえでの政治決断ということだと思っております」と経緯を語った。サミットの日程が先に固まっていたなかで、菅総理が、その時点で入手可能な情報と先進国としての立場を踏まえ、46％減なら、ぎりぎりのところで実現可能と判断したものと察せられた。

バイデンサミットの限界

サミットでは、カナダも、2030年目標を従来の2005年比で30％減から40〜45％減に強化すると発表した。韓国は数字を示さずに、年内にNDCを引き上げると表明した。EUと英国は、前年に2030年目標を大幅に強化済みであり、サミットでのさらなる引き上げはなかったものの、英国は2035年目標（1990年比で78％減）を追加した。サミットを主催した米国自身も、第1章で詳しく述べたように、2030年に2005年比で50〜52％減を掲げた。こうして、主だった西側の先進国はバイデンサミットまでに、2030年目標を強化した。

ところが、二酸化炭素排出量が世界最大である中国の習近平国家主席、第3位であるインドのナレンドラ・モディ首相、第4位であるロシアのウラジーミル・プーチン大統領は、バイデンサミットにオンラインで参加しつつも、NDCの強化を表明しなかった。オバマ政権期の2014年11月に、米国と中国の首脳がNDCの草案を共同で発表したのとは対照的である。

バイデンサミットは、NDCだけではなく、気候変動に関する様々な分野の取り組みを扱うものであり、米印パートナーシップの創設やサウジアラビアとの新たな協力など、多くの成果があった。しかし、最重要テーマであるNDCに関していえば、グローバルな協調よりも、西側諸国と中国・インド・ロシアなどの間での温度差が目立つ結果となった。米中が世界を牽引(けんいん)した2015年頃とは、明らかに時代が変わったのだ。その背景には、やはり、米中対立の激化があった。

米中対立の影

気候変動はグローバル課題であり、世界最大の排出国となった中国の協力なしでは解決できない。同時に、米国は共和党のトランプ政権期に、中国を「戦略的なライバル」と位置づけ、民主党のバイデン政権も中国を「国際秩序を作り変える意思と、その目的を経済・外交・軍事・技術の面で遂行する能力を有する唯一の競争相手」と捉えている。気候変動対策に熱心な民主党政権といえども、中国の協力を取り付けるために、他の戦略的な課題を犠牲にするわけにはいかない。

振り返れば、民主党のオバマ政権期にも、中国との間では、南シナ海での人工島建設やサイバー攻撃といった戦略的な課題があり、米中対立の萌芽(ほうが)は見えていた。それでも、この時期は、全面的なライバル関係には至らず、気候変動分野での首脳間の協力が可能であった。気候変動での協力を深めることで、米中対立の激化を和らげようとの意図もあったかもしれない。

ところが、米中対立が決定的となった２０２０年代には、このような協力は容易には成立しなくなった。この難しさは大統領選挙の時から認識されており、バイデン大統領は公約で、「気候変動や核不拡散など、相互利益がある課題では中国との協力を追求する」と打ち出す一方、「気候変動に関する説明責任を推進し、中国などの国々が他国に汚染をアウトソースしないように統一戦線を動員する」とも掲げ、気候変動分野といえども、協力一辺倒とはいかない難しさをにじませた。

バイデン政権が発足すると、オバマ政権の第2期に国務長官を務めたケリー氏が大統領気候特使となり、気候外交を担うことになった。しかし、ケリー特使に対しては、就任前から、気候変動での協力と引き換えに、別の分野で中国に妥協するのではないかと指摘されており、ケリー氏は就任早々、次のように説明した。

「知的財産の侵害、市場アクセス、南シナ海などの問題を認識している。これらの問題は、気候変動のための取引材料にはされない。（中略）切り離して、前に進める方法を見つけることが急務である。そして、それを見極める。他方、バイデン大統領は、中国との他の問題に対処する必要があることを非常に明確にしている。懸念している人々がいることは知っている。ある分野から別の分野に何かが吸い上げられるようなことはない」

ケリー特使が気候変動を他の問題から切り離すと表明したのに対して、中国外務省の報道官は、次のように反論した。

「中国は、米国や国際社会と気候変動で協力する準備がある。ただし、特定の分野での米中協力は、二国間関係全体と密接に結びついていると強調したい。中国の国内問題に干渉し、中国の利益を損なうなかで、二国間やグローバルな問題での理解・支援を中国に求めるべきではない。このことは繰り返し強調してきた。重要な分野での中国との協調・協力に向けて、米国が望ましい条件を作り出すことを望む」

米国が気候変動での協力を望むのであれば、先に米中関係全般を改善すべきとの主張であり、そのなかには米国にとって妥協しがたい戦略的課題が含まれているものと察せられる。

政権発足早々、米中協力は暗礁に乗り上げてしまったのだ。

しかも、バイデン大統領は4月22日に気候サミットを開く予定で、果たして、習近平国家主席が出席するのかが懸念された。バイデン大統領は3月26日に40人の首脳を招待し、習国家主席は当然、そのなかに含まれていた。ところが、中国政府はサミットへの出欠を明言しなかった。

そこで、ケリー特使はサミット直前の4月中旬に訪中して、中国の解振華気候特使らと会談し、17日には米中共同声明が発表された。声明には「両国は米国主催の気候サミットを心待ちにする」との一文が盛り込まれ、中国が参加に前向きであることが察せられた。しかし、中国のNDC強化については、明示的な言及はなかった。

中国外務省はようやく、サミット前日の4月21日に、習国家主席の参加を発表した。習国家主席はサミットで演説し、石炭の消費量を2026年以降に減らしていくと表明したものの、「2030年までに二酸化炭素排出の増加を止める」という目標はそのまま据え置いた。米国の求めに応じなかったのだ。米中でNDCの草案を共同発表したオバマ政権期とは、中国の対応は明らかに異なっていた。

その後も、米中の協力は簡単には進まなかった。ケリー特使は8月に再訪中し、王毅外相とオンライン形式で会談した。その際、王外相は「米国は気候変動における協力が両国関係のオアシスになることを望んでいるが、オアシスが砂漠に囲まれれば、遅かれ早かれ、オアシスは砂漠化するだろう。気候変動に関する協力は、両国の関係の大きな環境から切り離すことはできない」と話し、米国が求める気候変動の切り離し論を牽制した。

新興国の抵抗

溝が深まったのは米中だけではない。西側諸国と新興国の間で、1・5℃目標を巡る対立が顕在化した。バイデン政権の発足後、日米、米英、米EU、G7といった西側諸国の共同声明には、1・5℃目標のみが記載され、2℃は盛り込まれなくなった。ところが、米中、QUAD（日米豪印）、G20などの新興国が加わる場では、パリ協定の条文を踏襲し、2℃と1・5℃の併記が続いた。新興国が1・5℃のみに絞ることに抵抗したためだ。ただし、10月のG20では、両方を併記したうえで、「1・5℃の影響は2℃の影響よりもはるかに小さい」とも記載し、1・5℃をやや強調する形となった。

2℃と1・5℃の差はわずかに感じられるかもしれない。しかし、この違いの意味するところは大きい。産業革命以前と比べると、既に1・1℃分の温暖化が起きており、1・5℃までは残り0・4℃、2℃までは残り0・9℃と、2倍以上の違いがあるためだ。既に述べたように、2℃と1・5℃では、二酸化炭素のネットゼロ排出の実現時期が、2070年頃か、2050年頃かという違いがある。さらに、2030年の二酸化炭素排出量については、2℃であれば、2010年の水準と比べて約25%の削減が必要となる一方で、1・5℃の場合、約45%の削減にまで拡大する。

2℃でも世界全体で求められる2020年代の削減幅は大きく、先進国の努力だけでは、その削減を到底実現できない。新興国にも相応の削減負担が求められる。これが1・5℃となると、新興国の負担は一層拡大する。温室効果ガスの排出が減少に転じていない新興国は、1・5℃だけに絞り込むことを、簡単には受け入れられなかったのだ。

COP26の1・5℃合意

米中の関係がぎくしゃくし、先進国と新興国の溝が1・5℃を巡って深まるなか、2021年10月31日に、英国のグラスゴーでCOP26が開幕した。前述の通り、コロナ禍で1年延期されたため、2年ぶりのCOPであった。

会期は2週間で、2日目と3日目の「世界首脳サミット」には130カ国以上の首脳が参加した。衆院選を終えたばかりの岸田文雄（きしだふみお）総理大臣も現地入りして、脆弱国に対する適応支援の倍増や、アジアにおける火力発電のゼロエミッション化などを表明した。適応支援の倍増は、COPの終盤で脆弱国との合意を得るうえで重要な要素となり、日本がその動きを先導する形となった。

「世界首脳サミット」の最大の焦点は、バイデンサミットでNDCを強化しなかった新興国が、NDCを強化するかどうかだった。中国は習国家主席がCOPに参加せず、書面での声明を寄せるに留め、NDCの強化を発表しなかった。ロシアのプーチン大統領とブラジルのジャイール・ボルソナロ大統領も欠席した。ロシアとブラジルは前年末までにNDCを強化したものの、小幅な目標引き上げに留まっていたことから、さらなる強化が期待されていた。しかし、COP26までにNDCを見直すことはなかった。

これに対して、インドはモディ首相が参加して演説し、GDPあたりの排出量を、2030年に2005年比で45%減少させると表明した。従来目標は33〜35%の減少であり、ある程度、踏み込んだ形となった。さらに、2070年までにネットゼロ排出を実現すると掲げた。中国の2060年に対して、10年の差を付けている。バイデンサミットで年内にNDC強化と宣言していた韓国の文在寅（ムンジェイン）大統領は、2030年に2018年比で26・3%減としていた目標を、40%減に引き上げると表明した。

しかし、こうした各国のNDC強化を織り込んでも、2030年の世界全体の排出量は2010年比で「14%程度の増加」となる見通しであり、1・5℃目標はおろか、2℃目標にすら全く届かない水準に留まった。この構図は6年前のCOP21で、各国のNDC草案を積み上げても、2℃に遠く及ばなかった状況と同じである。当時は2030年に2010年比で「23%の増加」と見込まれており、10ポイント程度は前進した。ただ、削減不足の状況に変わりはなかった。

しかし、当時と異なっていたのは、削減不足への対応として、温度目標の強化を求める動きが、脆弱国だけではなく、先進国や一部の中南米諸国にも広がった点である。これらの国々はCOP26の合意文書で、温度目標を1・5℃目標だけに絞り込もうと試みた。一方で、中国やインドなどの新興国が抵抗することは、G20などの場で既に露呈していた。当然のことながら、交渉は難航した。

その結果、合意されたのは、「パリ協定の温度目標（2℃より十分に低い温度上昇に抑え、1・5℃以内に抑えるための努力追求）を再確認」したうえで、「1・5℃の気候変動影響は2℃の場合よりもずっと小さく、1・5℃に抑える努力の追求を決意」という内容だった。2℃と1・5℃を併記しつつも、1・5℃を強調する形となっている。文言上は「努力の追求」まではパリ協定と同じで、これに「決意」が付いたところが新しい（2―5）。合意の形式は政治合意であり、法的文書であるパリ協定を書き換えるものではない。したがって、2℃と1・5℃の併記や1・5℃は努力目標との位置づけは、そのまま残る。それでも、二つの温度目標のうち、1・5℃に重心があるとのメッセージングとしては機能し、メディア

2－5　合意文書における温度目標の変遷

パリ協定（2015年12月）
2℃より十分に低い温度上昇に抑え、1.5℃以内に抑える努力を追求

先進国間（1.5℃のみ）

米英共同声明（2021年3月）	1.5℃目標を射程に入れ続けることを全ての国に強く求める
米EU共同声明（2021年3月）	同上
日米共同声明（2021年4月）	1.5℃に抑える努力と整合的に2030年までに決意を持った行動を取る
G7共同声明（2021年6月）	1.5℃目標を射程に入れ続ける努力の加速を約束

QUAD・米中（2℃/1.5℃併記）

QUAD共同声明（2021年3月）	パリ協定の温度目標を射程に入れ続けるべく全ての国の取り組みを強化するように努める
米中共同声明（2021年4月）	2℃より十分に低い温度上昇に抑え、1.5℃以内に抑える努力を追求するというパリ協定の目的を想起

G20（先進国＋新興国）（2℃/1.5℃併記＋1.5℃強調）

G20共同声明（2021年10月）	2℃より十分に低い温度上昇に抑え、1.5℃以内に抑える努力を追求 1.5℃の気候変動影響は2℃の影響よりもはるかに小さい

COP26（先進国＋新興国＋脆弱国）（2℃/1.5℃併記＋1.5℃強調＆決意）

COP26決定（2021年11月）	2℃より十分に低い温度上昇に抑え、1.5℃以内に抑える努力を追求 1.5℃の気候変動影響は2℃の影響よりもはるかに小さく、1.5℃以内に抑える努力の追求を決意（resolve）

は「1・5℃目標に合意」と大々的に報じた。

しかし、大事なのは、世界全体の温度目標を各国のNDCにどう落とし込むかである。合意文書は、各国に対して、「パリ協定の温度目標と整合させるのに必要な場合には、2030年目標を2022年末までに再検討して強化すること」を要請した。「パリ協定の温度目標」とは、２℃と１・５℃の併記を指し、１・５℃とのリンクが曖昧になっている。つまり、ＮＤＣと結びつける部分では、新興国の立場に寄せていたのだ。

確かに、ＣＯＰ26の「１・５℃合意」は、ＣＯＰ21までの経緯を踏まえると、画期的である。ただ、それがＮＤＣの強化につながる保証はなく、むしろ、ＮＤＣが１・５℃だけに結びつかないように、ニュアンスが慎重に調整された痕跡が見て取れる。１・５℃合意は強固なものではなく、際どいバランスの上に、ぎりぎりのところで成り立っている脆さを抱えていたのだ。

その後、２０２２年から２０２３年にかけて、オーストラリア、ブラジル、メキシコ、インドネシア、タイ、ベトナム、トルコなどがＮＤＣを強化した。オーストラリアとブラジルでは政権交代があり、それを踏まえた政策変更の意味合いがあった。インドはＣＯＰ26でモディ首相がＮＤＣ強化を宣言し、２０２２年夏に正式に書面で提出した。これらの国々の目標強化を加味すると、２０３０年の排出見通しは２０１０年比で９％増となり、ＣＯＰ26時点よりも約４ポイント下がった。しかし、温度目標との乖離はまだ残っている。

次期ＮＤＣの行方と中国

パリ協定が続く限り、各国は5年ごとにＮＤＣを提出する。次期ＮＤＣの提出期限は２０

25年2月で、2035年目標の提出が「奨励」されている。その次は2030年に、2040年目標を提出する。以降もこの5年サイクルを繰り返す。

次期NDCを巡って先行したのは、今回もEUであった。EUの政策執行機関である欧州委員会は2024年2月に、2040年目標の草案として、「1990年比で90％減」を提示した。今後、6月の欧州議会選挙の結果を踏まえて、目標値を確定する。目標年が2035年ではなく、2040年となっているのは、EUはこれまで10年刻みで目標を立ててきたためで、目標確定後に、2035年の排出水準を2040年目標から算出する。

一方、米国では2024年11月に大統領選挙があり、第1章で詳しく論じたように、バイデン政権が投票日を待たずに、次期NDCとして2035年目標を提出する可能性がある。しかし、選挙でトランプ前大統領が当選すれば、米国はパリ協定から再脱退し、NDCも同時に消滅する。

動きが気になるのは、中国である。中国は新興国の代表格として、これまで温度目標を1・5℃目標に絞り込むことに強く反対してきた。ところが、2023年のCOP28では、微妙な変化があった。次期NDCについて、「1・5℃との整合を奨励」とすることに反対せず、これが実際に合意文書に盛り込まれたのだ。もちろん、「奨励」の要求度は弱く、しかも、「NDCは自国決定であることを再確認する」との留保も付されており、中国が1・

５℃を完全に受けいれたとは言いがたい。それでも、中国は２０２１年のＣＯＰ26の時点では、どのような留保を付けても１・５℃に絞ることに同意しなかったと思われ、態度を軟化させたことも事実である。

　では、中国の次期ＮＤＣはどのようなものになるのか。重要なのは、今回も習近平国家主席が自ら発表するであろうことだ。習国家主席は、２０１４年には２０３０年頃に二酸化炭素の排出の増加を止めることを、２０２０年には２０６０年までにカーボンニュートラルを実現することを自ら発表した。３期目に入り、習国家主席への権力集中が進んでいる現状を踏まえれば、今回も同様となろう。そうだとすれば、２０６０年のカーボンニュートラル実現と齟齬（そご）をきたす目標は政治的に困難であり、ＣＯＰ28で拒まなかった１・５℃目標を意識した２０３５年目標となるだろう。

　ここで注目すべきは、清華大学による低炭素発展戦略に関する研究である。この研究では「２０６０年カーボンニュートラル」の根拠になったとされる「１・５℃目標シナリオ」が分析されており、２０３５年の温室効果ガス排出量が２０２０年比で約27％減となっている。この数字は中国の次期ＮＤＣを予想するうえで参考になる。

　中国の態度軟化の兆候は他にもある。米国と中国が地政学的な対立を続けるなか、中国は気候変動についても、米国との協力に消極的になっていたが、２０２３年11月、気候変動に関する共同作業部会の活動開始に同意したのだ。根本的な対立が解消されたわけではないので、オバマ政権期のように米中の首脳が共同で削減目標を発表することは困難であろうが、たとえば、2024年9月の国連総会に合わせて、米中がそれぞれに次期NDCを発表する形で、タイミングを揃えることは可能かもしれない。

他方、もしトランプ前大統領が復権して、米国がパリ協定から再脱退する一方で、中国が踏み込んだ次期NDCを掲げる状況となれば、気候変動を巡る国際協調の構図は激変する。90％減を掲げるEUとともに、中国が世界を主導することも考えられるからである。言い換えれば、世界はいま分岐点に立っており、2024年から2025年にかけての米中の動き次第で、どの道を進むのかが変わりうるのだ。

日本がとるべき対応

本章では、京都議定書からパリ協定まで、20年以上にわたって続いている削減目標を巡る外交の攻防を見てきた。今後、日本はこの攻防にどう向き合えばよいだろうか。

日本はG7の一員であり、これからも西側諸国での協調の一環として、NDCを1・5℃目標や2050年ネットゼロ排出を踏まえて設定することになろう。もちろん、米国は共和党政権の時には、1・5℃目標に同調しなくなる。しかし、残りの国々の間では、2017

年からのトランプ政権期にそうであったように、結束を維持しようという動きになって、日本もそれに加わると予想される。

日本は現在、NDCとして、2030年に2013年比で46%減を掲げている。既に述べたように、この目標は、バイデンサミット時点で入手可能であったエネルギー面での概算的な数値や先進国としての立場を踏まえつつ、最後は政治決断で設定されたものだ。実は、2013年を100、2050年をゼロとして、両者を直線で結んだときの2030年の値は54、つまり46%減であり、奇しくもNDCと一致する。この直線上では、2035年は60%減、2040年は73%減、2045年は86%減となる。今後のNDCをこのような単純な形で決めることはないと思われるが、これらの数字は一つの目安にはなろう。

問題は、日本を含む一部の西側諸国だけが突出し、新興国との間で努力水準の乖離がさらに大きくなる場合、日本企業の国際競争力に著しい悪影響が及び、経済や国民生活に大きな負担がかかることである。本章で見てきたように、2020年代に入ってからは、国際協調が揺らぎ始めており、中国が最近、態度を微妙に軟化させているとはいえ、この懸念が現実のものとなりかねない。

この矛盾の調整は、NDCの「実行面」のなかで吸収するより他ない。本章で詳しく述べてきたように、NDCの達成は義務ではない。他方、その達成に向けた国内措置の追求は義務となっている。ＮＤＣ実行のための国内政策を検討する際には、協定のこの規定にしたがい、ＮＤＣ達成を視野に入れつつも、国民や企業がぎりぎりのところで受容可能な負担の範囲内で制度を設計するのがよい。そして、結果的に、ＮＤＣ未達成となってしまった場合には、最大限の努力を講じたことと、ＮＤＣの達成が何年くらい遅れそうであるのかを説明する。他国の納得を得るのはもちろん容易ではない。ただ、誠実に説明することで、理解を得られる部分もあるだろう。

たとえば、日本は今後、２０２３年５月に成立した「ＧＸ推進法」に基づき、「排出量取引」を導入する。これは炭素排出にコストを課すカーボンプライシングの一種で、企業に排出量目標を課して、その達成手段として、企業間で削減量の市場取引を認めるものである。その際、政府は取引の上限価格を設定することができる。具体的には、市場での取引価格が高騰した際に、政府が炭素排出の許可証を固定価格で追加販売し、取引価格をその固定価格以下に抑える仕組みである。ただし、排出許可証の追加購入により、企業は当初の目標以上の排出が許容されることになり、国全体としては、ＮＤＣの達成から遠ざかってしまう。しかし、上限価格を国民や企業が受容可能な限界点に設定することで、最大限の負担の証（あかし）にもなる。

同時に、主要国間の努力水準の乖離を解消するための取り組みも必要である。本章の後半で見てきたように、この乖離をパリ協定のなかで解消するのは、新興国の反発が強く、かなり難しい。

そこでにわかに浮上しているのが、気候変動対策の強度が弱い国からの輸入品に対して、炭素コストを課す「国境炭素調整」である。国境炭素調整は、カーボンプライシングにともなう内外の炭素コストの差を埋めて、競争上の不公平を是正することを主目的とする措置であり、炭素コストを課される国には、それを回避するために、自国の気候変動対策を強化しようとの動機が働きうる。乖離の解消につながるかもしれないのだ。

第3章で詳しく述べるように、EUは排出量取引制度の抜本的な強化に合わせて、国境炭素調整を2026年から実施することを決めた。日本も今後、カーボンプライシングを実施していくなかで、同様の措置の導入を検討する必要がある。

第３章

グリーン貿易戦争

2022年11月30日、訪米したエマニュエル・マクロン仏大統領とジョー・バイデン米大統領の共同会見
出典◎フランス大統領府

「インフレ抑制法はヨーロッパの企業に対して、超攻撃的（super aggressive）だ！」

2022年11月、フランスのエマニュエル・マクロン大統領は、米国の首都ワシントンDCを訪問し、面談した連邦議会の議員たちにこう言い放った。

第1章でも取り上げた「インフレ抑制法（IRA）」は2022年8月に成立し、当初は多くの国々から、米国の脱炭素化を大きく前に進めるものとして歓迎された。EUの行政トップである欧州委員会のウルズラ・フォン・デア・ライエン委員長もツイッター（現在のX）で「IRAの成立を歓迎する。（中略）EUと米国は気候変動対策への投資を続ける」と表明した。

しかし、その歓迎ムードも束の間（つかのま）であった。IRAは、脱炭素技術の導入を政府が支援する法律であるが、そのなかに、米国産優遇の規定があったからだ。米国の納税者の負担で政府支援を行うのだから、米国産が優遇されるのは当然と感じるかもしれない。ところが、これを認めてしまうと、外国企業の製品が米国の市場で不利になる。さらに、外国企業がIRAの支援を受けるために、米国に製造拠点を置くことになれば、その国は米国に産業投資を吸い取られることにもなる。端的に言えば、自由貿易が歪（ゆが）められるのだ。マクロン大統領が怒りをにじませたのは、この点に対してであり、EUを筆頭に日本や韓国なども、米国に是正を求めた。

一方、EUは2022年12月に、輸入品に炭素コストを課す制度の導入を決定した。「炭素国境調整メカニズム（Carbon Border Adjustment Mechanism）」と呼ばれ、略称はCBAMである。EUは2005年に排出量取引制度を導入し、域内企業の炭素排出にコストを課してきた。このコスト負担を2026年以降、順次引き上げていくなかで、CBAMは、輸入品にも同等の炭素コストを課して、内外の負担差を埋めることを狙う。

これについては、中国やインドといった新興国が反発を強めている。新興国は、CBAMを環境保護を隠れ蓑とする「偽装された保護主義」と見なし、世界貿易機関（World Trade Organization：WTO）の自由貿易のルールに反していると主張している。さらに、EUと同水準の政策を発展途上国に強いるものであり、パリ協定の精神にも反するとしている。日本や米国などの先進国は、中国やインドほどにはCBAMに反発していないものの、各国の産業界の警戒は根強い。

このように、米国とEUが脱炭素政策に通商の側面を組み込み、それが他国の反発を招く構造となっている。いわば、「グリーン貿易戦争」とも呼べる状況だ。先進国と途上国の対立だけではなく、先進国間でも亀裂が生じている。

片や日本は、トランプ大統領が環太平洋パートナーシップ協定（Trans-Pacific Partnership

Agreement：TPP）からの離脱を表明した後も、これを主導し、2018年末の発効にこぎつけた。長く貿易で立国してきた日本にとって自由貿易の維持は死活問題であり、いまや「ルールに基づく自由貿易」の旗手とも言える存在になっている。同時に、脱炭素投資を成長分野と位置づけ、2023年からの10年間で20兆円の政府支援を行うことも決めている。しかし、政府支援は往々にして自国産業の保護となり、自由貿易を歪めやすい。日本は、自由貿易と脱炭素の二兎を同時に追うことができるのか。

本章では、米国のIRAとEUのCBAMが引き起こしている通商上の争点を描き出したうえで、日本が取るべき対応を論じる。

1　米国インフレ抑制法の波紋

米国製の優遇

IRAは、クリーン電力、電気自動車（EV）、炭素回収貯留（CCS）、水素といった脱炭素化に必須となる技術の導入を、税額控除による減税のインセンティブによって、政府が支援する法律である。インセンティブを受けるための要件は、技術ごとに細かく規定されており、一部の技術に対しては、原産国の要件、すなわち米国などの特定国で生産された製品を優遇する措置が付されている。

たとえば、再エネ発電所を新設する事業者は、法人税の減税を適用でき、導入する設備(太陽光パネル、風力タービン、関連する構造物に使用される鋼材など)の一定割合が米国製の場合には、その減税幅が上乗せされる。つまり、米国製の使用によるコスト増が減税上乗せの範囲内に収まるのであれば、米国製が優先される。もちろん、外国製の設備を使用しても減税を受けることはできる。しかし、米国製を使う方が条件が有利である。

外国からの反発が強かったのが、EVへの税額控除である。一般消費者はEVを購入する際に、最大で1台あたり7500ドルを所得税から控除できる。ところが、この減税を受けるには、完成車の最終組み立てが「北米」(米国、カナダ、メキシコ)で行われることに加えて、EVで使用されるバッテリーのサプライチェーンに関して、厳しい要件をクリアする必要がある。

まず、バッテリーには、リチウム、ニッケル、コバルトなどの重要鉱物が用いられており、その一定割合が、金額ベースで、「米国」または「米国と自由貿易協定を締結している国」(韓国、オーストラリアなど)で抽出・処理されたか、「北米」で再利用されたものである場合に、購入者は1台あたり3750ドルの減税を受けることができる。「処理・抽出」となっているのは、鉱石の産出ではなく、必要とする鉱物を鉱石から取り出す工程を指定するためである。大きな考え方としては、米国内または米国と地理的あるいは経済的に近い国での処理・抽出・再利用を求めている。

加えて、バッテリーの部品について、金額ベースでの一定割合が「北米」で生産される場合に、１台あたり３７５０ドルを所得税から控除でき、重要鉱物の要件もあわせて満たす場合には、合計で７５００ドルの減税となる。「北米」だけに絞っており、要件が一層厳しい。

さらに、２０２４年以降は、懸念国の事業体（中国政府やロシア政府などの管轄・指導下にある企業など）がバッテリーの部品を一部でも製造していると、購入者は減税を受けられなくなり、２０２５年以降は重要鉱物の抽出・処理・再利用についても同様の制限が課せられる。この規定は、非友好国にサプライチェーンを依存しない「経済安全保障」を念頭に置いたものと言える。

再エネ発電の減税は、国産化の要件を満たす場合に減税の幅が大きくなる「ボーナス」であり、要件を満たさなくても減税は適用される。これに対して、ＥＶ減税の要件は必須の条件であり、要件を満たさないと減税対象にならない。この点で、再エネ減税よりも制限が厳しい（３―１）。冒頭でマクロン大統領が怒りを露わにした通り、ＥＵや日本も、とりわけＥＶでハードルが上がるのだ。

3－1　米国IRAの原産国等の要件

排出量がゼロ以下の発電（再エネを含む）への税額控除

国産化要件
・使用する鋼材と製品について、以下を満たす場合、10％分のボースを上乗せ
　①鋼材は、連邦公共交通局のバイ・アメリカ規則を満たす場合
　②製品は、総費用の一定割合(※1)以上が米国で生産された場合

クリーン自動車（EVを含む）への税額控除

原産国要件
・最終組み立てが北米で行われることは必須
・加えて、以下のどちらか、または両方を満たす場合にのみ、税額控除を適用
　①バッテリーに使用される重要鉱物の一定割合(※2)が米国または米国と自由貿易協定を締結している国で抽出・処理されるか、北米で再利用されたものである場合に、1台あたり3750ドルの税額控除
　②バッテリーの部品の一定割合(※3)が北米で生産される場合に、1台あたり3750ドルの税額控除
経済安全保障要件
・2024年以降、懸念される海外の事業体（中国政府・ロシア政府の管轄・指導下にある企業等）がバッテリーの部品を製造した場合、控除不可
・2025年以降、懸念される海外の事業体がバッテリーに使用される重要鉱物を抽出・処理・再利用した場合、控除不可

※1　建設開始が2024年末までの場合は40％、2025年の場合は45％、2026年の場合は50％、2027年以降の場合は55％。
ただし、洋上風力は2024年末までは20％、2025年は27.5％、2026年は35％、2027年は45％、2028年以降は55％
※2　2023年：40％、2024年：50％、2025年：60％、2026年：70％、2027年以降：80％
※3　2023年：50％、2024～25年：60％、2026年：70％、2027年：80％、2028年：90％、2029年以降：100％

製造業の再興と経済安全保障

なぜ、IRAには、こうした原産国要件が盛り込まれたのだろうか。それには、二つの理由があった。バイデン大統領の選挙公約の実現と、法案審議の最終局面におけるマンチン上院議員への対応である。

　バイデン大統領は2020年の選挙戦中に、クリーンエネルギー分野に2兆ドルを投資し、

それを通じて、米国の製造業を活性化して、質の高い雇用を確保すると表明した。同大統領の気候変動に関する選挙公約を見ると、「米国製（American-made）」や「雇用（jobs）」といった言葉が多用されている。実は、IRAの税額控除の多くには、原産国要件に加えて、労働者に実勢賃金以上を支払うといった雇用要件も盛り込まれており、この要件を満たさない場合には、事業者の減税額が5分の1にまで減らされる。米国製の優遇と実勢賃金要件を組み合わせることで、製造業とその雇用を底上げし、選挙公約を果たそうとしたのだ。

もう一つの要因が、民主党のマンチン上院議員の要求であった。第1章で詳しく述べたように、IRAの成否はマンチン上院議員が握っていた。同議員は、民主党内の交渉の最終局面で、EV減税に対するサプライチェーン要件の厳格化を求めた。バッテリーに使用する重要鉱物の抽出・処理やバッテリー自体の製造において、中国が高い市場シェアを有するなかで、無条件にEVシフトすれば、中国への依存度が高まり、経済安全保障の観点から問題が生じると懸念したのである。

2021年11月時点の法案では、「米国」で完成車を組み立てた場合や、バッテリー部品の「国産比率」が一定割合以上の場合に、減税を上乗せするボーナス方式であり、これらを満たさなくても、ベース部分の減税は適用可能であった。ところが、最終的に成立したIRAでは、ボーナスではなく必須要件となり、これらを満たさなければ、購入者は減税を受けることができなくなった。さらに、当初の法案には、経済安全保障の要件、すなわち、懸念国の事業体から重要鉱物やバッテリー部品を調達した場合には減税を認めないとの規定はなかった。マンチン上院議員の要求で、条件が著しく厳格化されたのである。

しかし、経済安全保障が目的であるならば、減税の対象を「北米」や「自由貿易協定を締結している国」に限定して、これらに当てはまらない同盟国、つまり日本や欧州のNATO加盟国を排除するのはなぜかとの疑問が生じる。この点について、バイデン大統領は、IRAを強く批判するマクロン大統領との共同記者会見でこう釈明した。

「米国と自由貿易協定を締結している国への例外規定がある。これは連邦議会の議員が追加したもので、その議員は単に同盟国を意図していたと認めている。つまり、自由貿易協定を文字通りに意図したものではなかった」

名指しこそしていないものの、マンチン上院議員を指すと思われ、同議員自身も、EUが自由貿易協定の締結国ではないことを知らなかったと認めている。マンチン上院議員との最終調整は短期間で行われており、条文を詰め切れていなかったのだろう。

国産部品製造への減税

さらに、IRAには原産国要件とは別に、より直接的に米国での生産を支援する措置が含まれている。具体的には、太陽光パネル、風力タービン、バッテリーなどで使用される部品を製造するメーカーへの減税措置であり、米国で生産する場合に、その生産量に比例する形で法人税の減税を受けることができる。生産補助金と実質的に同等であり、外国での生産には適用されない。減税額は部品ごとに細かく指定されている。重要鉱物を米国で処理する場合にも、同様の減税が認められる。

この生産量比例の減税が、部品と重要鉱物に焦点を当てているのは、完成品の組み立てだけではなく、サプライチェーン全体を米国に回帰させることを企図しているためである。国際エネルギー機関の分析によれば、太陽光パネルと風力タービンは、完成品だけではなく、その部品も含めて、中国に生産が過度に集中している。電気自動車のバッテリーとそのなかで使用される重要鉱物についても、マンチン上院議員が懸念したように、同様の状況にある（3―2）。この状況を放置していては、意図的な供給途絶など、経済安全保障上の問題が生じかねない。

この問題意識は、バイデン大統領の選挙公約のなかでは必ずしも明確ではなかった。しかし、経済安全保障への関心の高まりを受けて、民主党の一部の上院議員が２０２１年の早い段階から、「太陽光パネル」及び「風力タービン」の国産部品製造に対する減税措置の法案を提案していた。「バッテリー部品」の国産支援については、ＥＶ減税にサプライチェーン

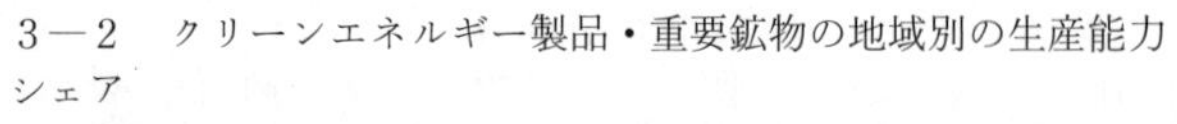
3―2　クリーンエネルギー製品・重要鉱物の地域別の生産能力シェア

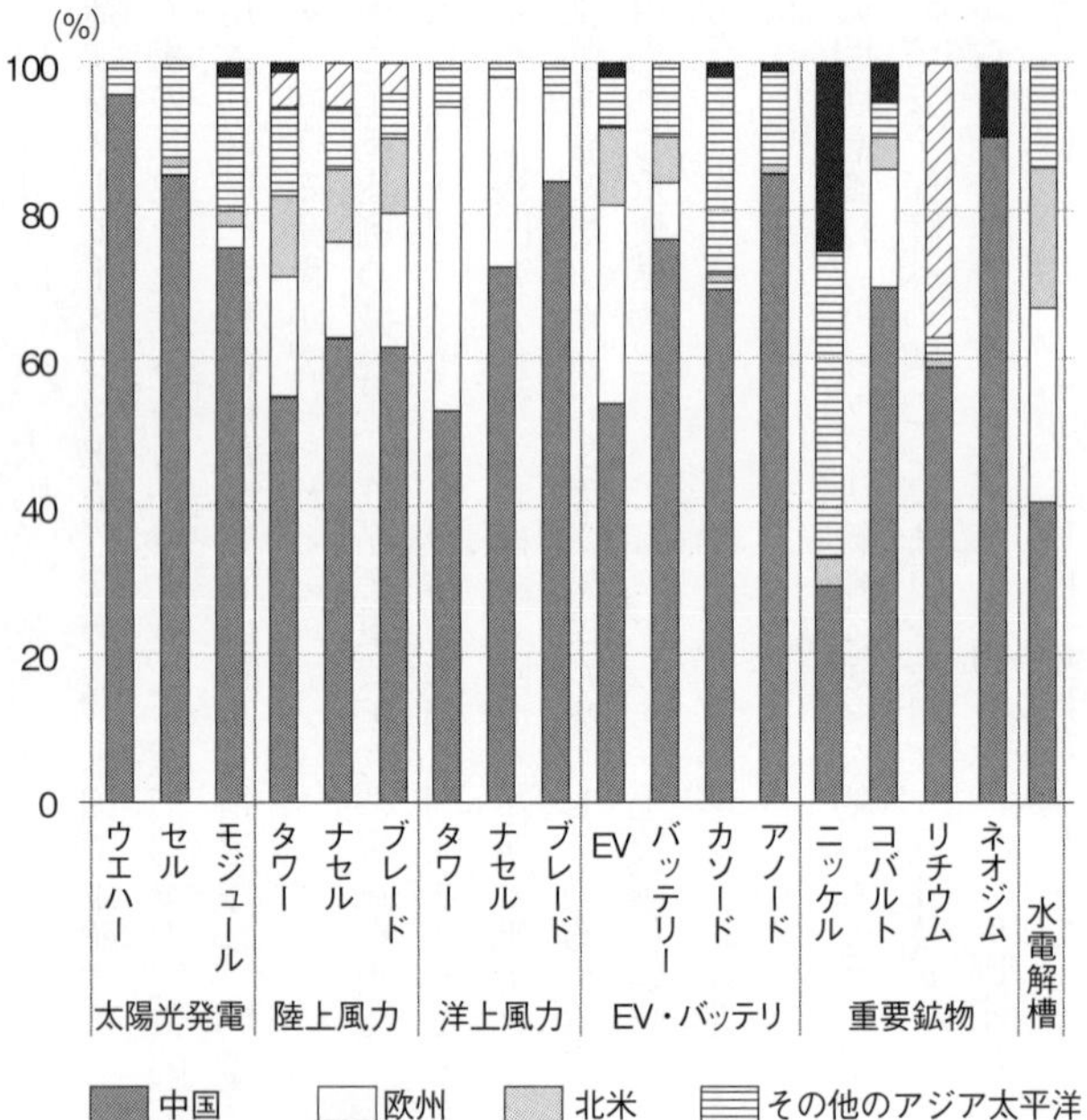

出典：国際エネルギー機関 “Energy Technology Perspectives 2023”

要件が入ったことへの対応として、自動車産業が強いミシガン州選出の民主党の上院議員が、法案調整の最終段階で提案した。そして、これらの提案がＩＲＡに盛り込まれていった。

このように、製造業の復活という産業政策、民主党内部の合意形成、経済安全保障への配慮を背景に、原産国要件と国産部品支援がＩＲＡ

に盛り込まれていったのである。

主要国の反発

ＩＲＡに盛り込まれた原産国要件は、外国からの反発を招いた。自国の製品が米国市場で不利となり、最悪の場合、自国企業が製造拠点を、米国に移転してしまうおそれがあったためだ。米国の目的は、自国の雇用促進や経済安全保障であって、結果的に他国から製造業を奪い取ることになったとしても、それ自体を狙ったものではない。ところが、他国の立場からみれば、自国の産業が米国に吸い取られることを意味し、反発するのは当然である。

そのなかでも、ＥＵは特に強く反発した。ＩＲＡの成立直後は歓迎ムードがあったものの、米国産優遇に対する懸念がすぐに広まった。欧州委員会で通商を担当するヴァルディス・ドムブロウスキス上級副委員長は、ＩＲＡ成立の翌月である２０２２年9月に、米国のキャサリン・タイ通商代表に対して、ＥＶ減税の原産国要件への懸念を伝えた。ＥＵ加盟国の不満も、フランスのマクロン大統領を筆頭に非常に強かった。そして、11月には、ＥＵの懸念に応じる形で、米国とＥＵはＩＲＡに関するタスクフォースを立ち上げた。

ところが、法律に書き込まれた要件は法改正でしか変更できず、そのような改正は議会情勢上、ほぼ不可能であった。行政を司（つかさど）るバイデン政権にできることは、法の執行に際して、件の撤廃は、当初から実現不可能であった。

条文を柔軟に解釈することに留まり、タスクフォースを設置して協議を重ねても、EUが求める根本的な解決、たとえば、北米で組み立てられたEVにしか減税を適用しないという要件の撤廃は、当初から実現不可能であった。

IRAの条文を変えずに対応できるものとして焦点が当たったのが、「自由貿易協定」の解釈であった。既に述べたように、米国と協定を結んでいる国で抽出・処理された重要鉱物は、サプライチェーン要件の一部を満たすが、実はIRAは「米国と自由貿易協定を締結している国」がどの国なのかを明確には定義していない。通常は、包括的な貿易協定を結ぶ相手国、たとえば、米韓自由貿易協定を結ぶ韓国や、米豪自由貿易協定を結ぶオーストラリアなどを指すものの、IRAでは条文にその定義がないため、減税を執行する財務省がこれを柔軟に解釈できる余地があった。そこで、バイデン政権は、自由貿易協定を包括的な貿易協定だけではなく、重要鉱物に特化した協定も含むものと捉え、2023年3月10日には、バイデン大統領と欧州委員会のフォン・デア・ライエン委員長が、その協定の交渉を開始すると宣言した。執筆時点で、米国とEUは合意に向けて、交渉を継続中である。

日本も、西村康稔(にしむらやすとし)経済産業大臣がIRA成立の直後から、米国のジーナ・レモンド商務長官やタイ通商代表に、EV減税の原産国要件に対する懸念を伝え続けた。西村大臣は、WTOのルールに抵触することだけではなく、日米の二国間やインド太平洋経済枠組み(Indo-

Pacific Economic Framework for Prosperity：ＩＰＥＦ）で進めているサプライチェーン強靭化の協力にも逆行することを強調した。そして、米・ＥＵの交渉開始から間もない２０２３年３月28日に、「日米重要鉱物サプライチェーン強化協定」に「合意」した。この協定の発効をもって、日本はＥＵに先立って、ＥＶ減税上の自由貿易協定の締結国となり、日本で抽出・処理した重要鉱物は、原産国要件を満たすことになった。ただ、バッテリー部品や完成車組み立ての要件は依然として、北米に限定されており、日本製のＥＶは引き続き、減税の対象外であった。

韓国は、米国との間で米韓自由貿易協定を結んでいるものの、韓国からの輸出車が減税を受けられないことを問題視し、ＷＴＯへの提訴を辞さない構えを見せていた。韓国メーカーは２０２１年の後半から、米国へのＥＶ輸出を急増させていたところであり、立ち上がったばかりのビジネスが大打撃を受けかねなかったためだ。２０２２年９月には、尹錫悦大統領がバイデン大統領に直接、懸念を伝えた。

ＥＵを筆頭に、日本や韓国も懸念を示すなか、原産国要件を歓迎した国があった。カナダである。既に述べたように、２０２１年12月時点の法案では、「米国」で完成車を組み立てた場合や「国産」のバッテリー部品比率が一定以上の場合に、減税を上乗せするボーナスとなっていた。この規定のままだと、カナダ製はボーナスの対象外となってしまう。危機感を抱いたカナダ政府と産業界は、マンチン上院議員らへの働きかけを強め、「米国」を「北米」に変えることに成功したのだった。

なお、経済安全保障要件で排除されている中国は、IRA成立から1年半後の2024年3月に、EV減税について、WTOの紛争解決手続きを開始した。しかし、同手続きは機能不全に陥っており、紛争解決の見通しは立っていない。

EUの対抗策

EUは米国に反発しつつも、IRAへの対抗策の検討を進めている。

2023年2月には、欧州委員会が「ネットゼロ時代のためのグリーンディール産業計画」という文書を発表し、米国と同様に、脱炭素化を産業政策と位置づけるとの方針を打ち出した。翌3月には「ネットゼロ産業法」(Net-Zero Industry Act：NZIA)の原案を公表し、2024年2月には、立法府である欧州議会と理事会の合意が成立した。NZIAの目的は「2030年に、ネットゼロ技術の製造能力をEUの年間導入ニーズの40%以上」とすることであり、「ネットゼロ技術」として、再生可能エネルギー、バッテリー、冷暖房の脱炭素技術であるヒートポンプ、水素製造の電解槽、CCS、原子力などを指定している。これらの技術の製造能力をEU内部で拡大するために、許認可などの行政プロセスを簡素化し、公共調達や消費者・企業への支援を通じて、指定技術の需要を創出する。

さらに、EUは連合体レベルでの取り組みに加えて、各加盟国による脱炭素の製造業支援も促進している。もともと、EUでは、加盟国による製造業支援が制限されており、脱炭素の製造業もその例外ではなかった。EUでは、加盟国による産業支援は「国家補助」と呼ばれ、EU共通の「国家補助規則」で制限されている。なぜなら、ドイツやフランスなどの経済規模が大きい加盟国が大規模な産業支援を行うと、他の加盟国から産業を奪い取ってしまう懸念があるためだ。EU全体の統一市場の維持はEU統合の重要な柱であり、これが崩れてしまうと、EUそのものが崩れかねない。そのため、加盟国はこれまで、米国IRAのような支援を独自に行うことはできなかった。

しかし、米国に産業が流出するリスクが生じていることを踏まえ、欧州委員会は2023年3月に国家補助規則を緩和し、バッテリー、太陽光パネル、風力タービン、ヒートポンプ、電解槽、CCSの機器製造について、加盟国による支援策を認める方針を打ち出した。具体的には、加盟国は、これらの機器やその重要部品、関連する重要鉱物を生産する企業に対して、投資コストの一定割合を支援してよいことになった。ただし、他の加盟国からの投資の移転にならないことという制限がついている。

これに加えて、EUの外側に投資が流出するリスクが存在する場合には、加盟国は、対象機器などを製造する企業に対して、①EU域外で享受できる投資支援と同額、または、②EU域内に投資するのに必要な金額、この二つのどちらか小さい方を支援できるようになった。ただし、自国の低開発地域のみを投資対象とするか、3カ国以上の加盟国で投資しつつ、そのうちの2カ所は低開発地域を対象とすることが要件となっている。言い換えれば、加盟国は、EU域内の格差是正への寄与を条件として、IRAによる産業流出を抑制できる水準まで、製造業企業を支援できる。

このルール変更を適用して製造業支援を実行するか否かは、各加盟国が判断することである。先行したのは、ドイツだった。ドイツ政府は2023年6月に、新ルールに沿った支援策を発表した。国家補助規則で指定された支援対象の製造に対して、最大で投資コストの15%分を支援することになっている。翌7月には、欧州委員会がドイツの支援策を承認しており、今後、再エネ機器、バッテリー、ヒートポンプなどを製造する産業への投資が進むと期待される。その後、フランスとイタリアも同様の支援策を発表し、2024年1月に、欧州委員会の承認を受けた。

執筆時点で、国家補助規則の緩和は2025年末までの暫定措置とされている。ただ、IRAの製造業支援は長期にわたるものであり、これに対抗するためには、今後、措置の延長が必要となるかもしれない。

日本のＧＸ

日本では、岸田文雄総理大臣が脱炭素型の経済成長戦略であるＧＸ（グリーン・トランスフォーメーション）の一環として、「２０２３年度からの10年間で20兆円」の政府支援を行うとの方針を打ち出し、２０２３年５月にはＧＸ推進法が成立した。同法のもとでカーボンプライシング（炭素排出へのコスト賦課）を徐々に拡大しつつ、これに今後10年間の投資支援を組み合わせる。つまり、企業にとっては、炭素排出を従来のままにすると将来のカーボンプライシングの負担が増える一方で、先行して脱炭素投資を行うと政府支援を得られることになる。政府はこのインセンティブ構造を作ることで、企業による脱炭素投資の前倒しを狙う。

政府の投資支援は、鉄鋼、化学、紙・パルプ、半導体、蓄電池、水素、ＣＣＳ、再エネ、原子力といった工場・発電所など産業への設備投資補助と、住宅やオフィスで使用される機器・自動車など家庭・企業への購入補助に大別される。これらの支援は、排出削減の効果が高いことを前提としつつ、産業競争力の強化や経済成長に資することも条件とし、「国内の人的・物的投資拡大につながる」ことを要件としている。また、投資支援を受ける企業に「先行投資計画」を提出させ、効率的な排出削減や、脱炭素型のサプライチェーン構築に対するコミットメントを求める。

さらに、政府は20兆円の投資支援策の一部として、EV、航空用の持続可能な燃料、グリーンな方法で生産された鉄鋼及び化学製品について、「生産量」に応じた減税措置である「戦略分野国内生産促進税制」を導入する方針である。この減税は、設備投資ではなく、生産量に紐づいていることから、IRAの国産部品製造への減税措置と同様に、国内生産を押し上げる効果を期待できる。

米国への産業流出の予兆

2022年8月のIRA成立後、米国では、民間企業がバッテリー、EV、太陽光パネルのサプライチェーンに対する投資計画を相次いで発表している。米国エネルギー省の集計によれば、IRA成立から2024年1月上旬までの間に、バッテリーとそのサプライチェーンに849億ドル分、EVの組み立て・部品製造・充電器製造に167億ドル分、太陽光パネルとそのサプライチェーンに141億ドル分の投資計画が発表された。これらの全てが実際に投資されるとは限らないものの、既に1158億ドル（1ドル150円とすると、17・3兆円）という巨額になっており、今後もさらなる拡大が見込まれる。

このなかには、日本企業、韓国企業、欧州企業による投資計画も多数含まれている。IRAの原産国要件が投資の決定打となったものもあれば、IRAがなくとも米国で投資されたものもあろう。企業の投資決定は、様々なファクターを総合的に勘案したうえでなされるもので、政府支援はその一つに過ぎない。ＩＲＡによって米国への産業流出が大規模に起きているのかもしれないし、そうではないのかもしれない。これを見極めるにはまだ証拠が足りず、今後の企業の投資行動を注視する必要がある。

米ＥＶ減税の抜け穴

企業の投資判断を左右する要因として、ＥＶについて、ＩＲＡの原産国要件をすり抜ける術が見出され、現地生産を行わなくても減税可能になったことは注目に値する。ＥＶ減税に付された原産国要件は、消費者が購入するＥＶにのみ適用され、事業者が商用車として購入するＥＶには適用されない。つまり、北米以外の国で組み立てた輸入ＥＶも、それが商用車であれば、減税を受けることができる。

では、何が「商用車」となるのか。ＩＲＡは商用車の定義を明確にしておらず、その解釈は、減税を執行する財務省に委ねられた。そして、財務省は２０２２年12月にガイダンスを公表し、「リース用」の自動車も商用車に含めると判断した。つまり、消費者が自家用に使用するリースＥＶも商用車に分類され、原産国を問わずに、減税対象となったのだ。

米国国際貿易委員会の統計によれば、ＥＵ、韓国、日本からのＥＶ輸入額は、２０２２年から2023年にかけて増加した。同時に、EV新車のリース比率も高まった。消費者が、IRAの原産国要件をすり抜ける輸入EVを、リースの形で使うようになったのだ。

原産国要件を満たすように米国での生産を増やすべきか。抜け穴をうまく使って本国からの輸出を増やすべきか。仮に輸出を増やし続けたら、米国政府は抜け穴を塞ぐのか。米国以外の国では、どのような支援を受けることができるのか。企業はこれらを総合的に考慮しながら、どの国に投資するかを判断していくことになる。

自由貿易との相克

そうなると、各国政府は企業の製造拠点を誘致すべく、投資支援策を充実させることになる。既に述べたように、EUは米IRAへの対抗策として製造業の投資支援策を強化している。日本もGXの一環として、脱炭素の分野に10年間で20兆円規模の投資支援を行うことを決定し、このなかには製造業支援が多く含まれている。カナダも、米国と同様の減税措置を検討している。米国に追随して、投資支援策を拡充する国が増えているのだ。

IRAを支持する米国の一部の専門家は「IRAを批判している国々は、米国と同様の産業政策を取ればよいだけではないか」と主張しており、現実にその方向に進みつつある。各国が産業支援策を競い合って充実させれば、結果的に、世界全体で脱炭素への投資が拡大する。グローバルな補助金競争によって、脱炭素の実現は加速するかもしれない。

ところが、国産優遇や自国の製造拠点への支援は、貿易を通じて他国製の製品を不利に扱うことにつながり、競争条件を歪める。自由貿易の原理に反するのだ。理論上、自由貿易は、各国が比較優位のある分野に集中することで、分業の利益をもたらす。産業支援は比較優位を歪めてしまうので、この理論が成立する前提を揺るがしてしまう。

さらに歴史を辿れば、自由貿易体制は、大国の保護主義的な政策によるブロック経済化が第二次世界大戦の一因になったとの反省から築かれてきたものであり、世界の平和とも無関係ではない。脱炭素を理由として、安易に国産優遇や補助金競争に走れば、経済効率性の喪失や世界の不安定化といった弊害が起こりうる。

問題は、自国が自由貿易を堅持して産業支援を自制しているなかで、他国が産業支援を行うと、自国だけが一方的に不利になることである。そうなると、他国が支援を行う以上、自国も追随せざるをえず、負の連鎖に陥る。

これを抑制するために、WTOの自由貿易ルールが存在している。しかし、実際にはWTOの紛争解決手続きが機能していないこともあって、この歯止めが利かず、世界は脱炭素の産業補助競争に陥りつつある。

原産国要件と原産国以外の要件

ＷＴＯルールに抵触している可能性が特に高いのが、ＩＲＡの原産国要件である。原産国要件は、国産優遇の点では、ＷＴＯの根本原則である「内外無差別」と矛盾し、さらに自国以外の一部の国も優遇する場合には、もう一つの原則である「最恵国待遇」とも整合しない。米国は違反のおそれがあることを理解したうえで、ＥＶ減税に原産国要件を課し、再エネ減税に国産使用時のボーナスを上乗せした。

他方、これまでのところ、米国以外の国は、ＩＲＡのような原産国要件の設定には踏み込んでいない。しかし、原産国「以外」の要件を課すことで、結果的に一部の国の製品が不利になる仕組みを導入する国が出てきている。

フランスのＥＶ補助金制度はその一例である。ＩＲＡに怒りをぶつけたマクロン大統領は、かねてより、自国のＥＶ補助金について、「フランスの税金を、非欧州の産業化のために用いたくない」と発言しており、フランス政府は２０２３年10月に、制度を改正した。新たな制度では、ＥＶで使用される鋼材・アルミニウム・蓄電池などの製造時に発生する排出量や、フランスへの輸送時の排出量などを総合的に評価して、一定の裾切条件を満たした製品のみを補助対象とする仕組みになった。中国は鉄鋼などの製造時の排出量が大きく、フランスへの輸送距離も長いことから不利となり、中国製ＥＶの多くが補助対象外となった。

また、日本は2024年4月から、クリーンエネルギー自動車の導入補助金について補助額の決定方法を改めることになった。車両の性能だけではなく、自動車メーカーによる充電インフラ整備への貢献や、故障時の交換部品を安定的に確保できる体制、さらには、使用する蓄電池や鉄鋼などの製造時排出量を削減する取り組みやバッテリーのリサイクルの取り組み状況などを考慮して、補助額を決めることにしたのだ。これも原産国以外の要件を課す一例と言える。この新たな仕組みは、特定の国からの輸入車を不利に扱うものではないが、性能以外の追加要件は、自動車を売り切るだけのビジネスモデルでは対応できないものが多く、日本市場にコミットしている企業が有利になると見込まれる。

イエロー補助金

他方、自国産業への直接的な支援、たとえば、IRAの国産部品製造への減税措置、EUの製造業支援、GXの設備投資支援は、国内事業者の優遇という点では国産要件に似ているものの、WTOルールに直ちに違反するものではない。その支援によって、貿易が歪曲(わいきょく)されるかどうかなどによって、ケース・バイ・ケースでWTOルールに違反するかが判断される。一概には決まらないことから、信号機になぞらえて、「イエロー補助金」と呼ばれることもある。

この点に関連して、日本政府は「民間企業のみでは投資判断が真に困難な事業」を支援対象にすると明言しており、通常では競争的になりえない設備投資を、脱炭素の観点から支援することを想定している。仮に支援対象がもともと一定の競争力を有していれば、支援によって競争力が著しく高まって、他国に害を及ぼすかもしれない。しかし、そういう投資は支援対象外とすることから、貿易を歪曲する効果は限定的と見込まれる。

中国への追加関税

ＩＲＡが存在している限り、他国には米国追随の誘因が働き続け、原産国などの要件の設定や製造業への補助金競争に陥りやすくなる。特に、一概にはルール違反とならないイエロー補助金は増えやすい。ところが、仮に米国がＩＲＡの原産国要件や製造業支援を停止し、米国に追随した国がそれに倣ったとしても、まだ、大きな問題が残る。中国である。

中国政府は２０１５年に「中国製造２０２５」と題する政策文書を発表し、重点分野の産業を様々な形で支援してきた。ＥＶや再エネ設備もその対象となっており、既に見たように、今では、中国企業がこの分野のサプライチェーン全体で大きなシェアを占めるようになっている。米国がＩＲＡで産業支援や原産国要件に踏み込んだのは、中国が産業補助金で自国産業を育てていることが一因となっており、結局のところ、中国が産業支援を止めなければ、米国も自制が難しい。

このようななか、欧州委員会は2023年9月、中国製EVの価格が補助金で意図的に抑えられており、EUの市場を歪めているとして、調査を開始すると宣言した。調査の結果、補助金がEUの産業に対する損害を引き起こしていると認定されれば、中国からのEV輸入に対して、補助金の効果を相殺する関税が上乗せされる。

米国政府もオバマ政権期より、中国からの太陽光パネルの輸入に対して、補助金相殺関税と不当廉売に対するアンチダンピング税を課してきた。ところが、一部の中国企業が、これらの追加関税を回避するために、東南アジアの4カ国（マレーシア、タイ、ベトナム、カンボジア）にいったん輸出し、現地で微小な加工を施してから、米国に迂回輸出しているのではないかとの疑いが出てきた。米商務省は2022年に、この疑いに関する調査を開始し、2023年8月には、5社について、関税逃れのための迂回輸出であると認定した。2024年6月以降、これらの4カ国から輸入される太陽光パネルには、迂回輸出ではないことが証明された場合を除き、追加関税が課せられることになる。

しかし、こうした動きは中国側の対抗措置を招き、負の連鎖に陥るリスクを伴う。実際、中国政府は2024年1月に、EU産のブランデーに対して、不当廉売の調査を開始すると発表した。中国政府はそう明言はしていないものの、EUによる中国製EVの調査への対抗措置と見られている。

それでも、アンチダンピング税や補助金相殺関税は、通常、WTOルールの範囲内で行われるものであり、中国に対応する手段として、原産国要件や補助金競争以外に、然るべき調査に基づいて追加関税を課す方法があることは、今後、重要な視点となろう。

注意すべきは、追加関税は自国市場を守るのには有効であっても、中国の輸出先となる第三国での不利には対応しきれないことである。この不利に対応するには、中国の輸出先となる国々が協調して、追加関税を一斉に課す必要がある。

2　国境炭素調整の行方

炭素漏出のリスク

貿易と気候変動を巡るもう一つの争点は、国境炭素調整（border carbon adjustment：BCA）である。第2章で述べたように、気候変動対策を巡る国際協調が揺らぐ一方で、一部の国は自国の排出削減政策を強化しており、国家間で政策強度の差が広がっている。特に、近年、排出量取引や炭素税といった「カーボンプライシング」と呼ばれる政策を採用し、炭素排出に対して政策的にコストを乗せている国が増えており、こうした国々では、カーボンプ

3－3　国境炭素調整（BCA）の仕組み

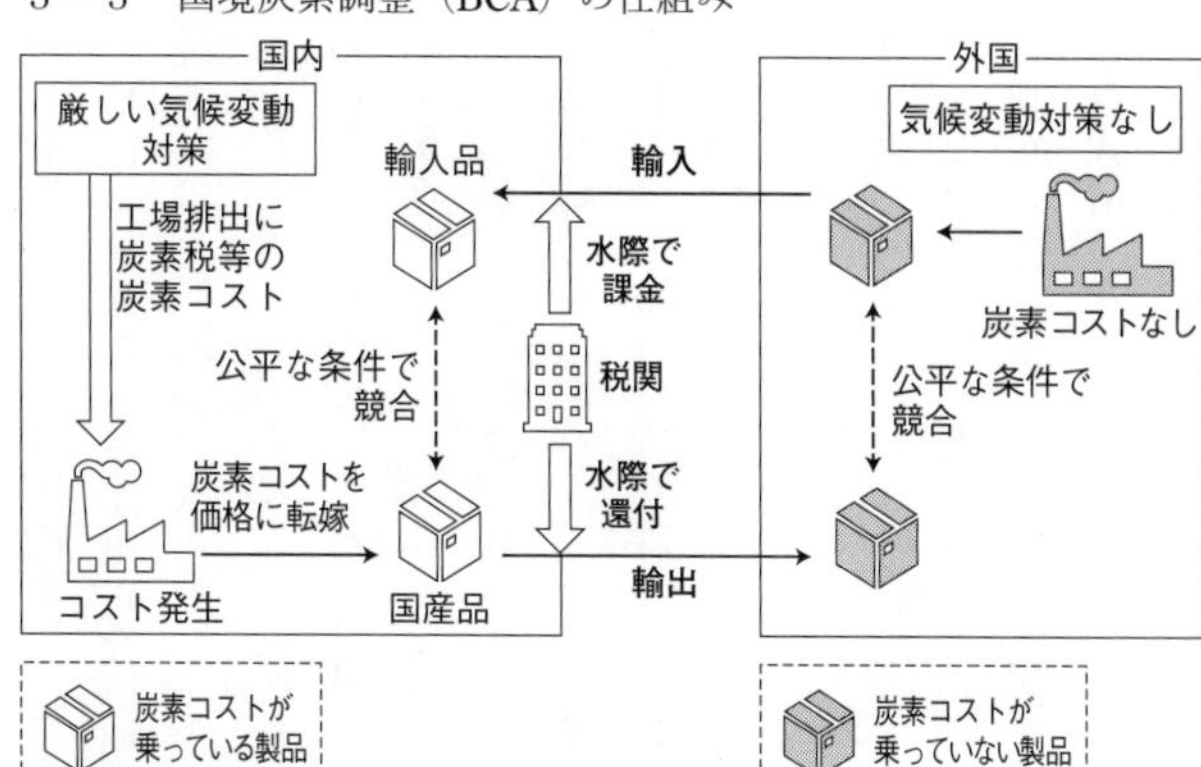

ライシングによって、企業のエネルギーコストが増えて、エネルギーを大量に使用する製造業の国際競争力に悪影響が及ぶことが懸念されている。

カーボンプライシングを課せられている自国製品が、課せられていない他国製品よりも不利になれば、自国での生産が減り、他国での生産が増え、それにともない炭素排出も他国に流出する。この現象は「カーボンリーケージ（炭素漏出）」と呼ばれており、他国の炭素強度（生産量あたりの排出量）が自国よりも大きければ、自国の排出は減っても、他国でそれを上回る排出増加となり、世界全体でも排出が増えてしまう。これでは、本末転倒である。

こうした事態を防ぐために、経済学の一分野である環境経済学では、輸入品に自国と同等の炭素コストを課し、輸出品に国内で課した炭素コスト相当額を還付するＢＣＡの仕組みが長年、研究されてきた。

ＢＣＡを行うことで、国内市場では、国産品と輸入品の両方に同等の炭素コストが課せられ、海外には、炭素コストが乗らない形で自国製品が輸出されるようになる（3―3）。これが実現すれば、他国へのカーボンリーケージを懸念することなく、自国のカーボンプライシングを強化できる。さらには、他国に対しても、輸出先でカーボンプライシングを徴収されるくらいなら、自国でカーボンプライシングを導入しようとの誘因が働く。つまり、世界全体で対策を進めるきっかけにもなる。

ところが、実際には、ＢＣＡを導入する国はなかなか現れなかった。炭素排出に応じて輸入課税や輸出還付を行うことがＷＴＯの自由貿易のルールに反するおそれがあることや、輸入課税を課せられた国が課した国の重要な産品に対抗関税を課すという報復合戦のリスクがあるためである。

ＥＵのＣＢＡＭ

２０２２年12月、ＥＵはこれらのリスクを振り切って、ＢＣＡの導入を決定した。ＥＵはその制度のことを「炭素国境調整メカニズム（ＣＢＡＭ）」と呼んでいる。ＢＣＡのＥＵ版がＣＢＡＭである。

ＣＢＡＭは、ＥＵのカーボンプライシング政策である排出量取引制度（通称ＥＵＥＴＳ）

を２０２６年以降に強化するのにあわせて導入される。ＥＵＥＴＳは、電力、鉄鋼、化学、セメントなどエネルギー消費量が大きい業種を対象とし、企業に自社工場の排出量と同量の「排出枠」を一定期日までに納付する義務を課す制度である。政府は排出枠を発行し、企業は政府による有償オークションを通じて排出枠を調達する。ただし、鉄鋼、化学、セメントといった排出量が大きく、輸出入で国際競争に晒されている業種については、企業に対して、一定量の排出枠を無償で割り当てる。政府による有償オークションや民間企業間の市場での売買によって排出枠の価格が形成され、対象企業が負担する炭素コストとなる。

ＥＵは、２０３０年に１９９０年比で55％減とのＮＤＣ（第２章参照）を達成するために、２０２１年夏から２０２２年末にかけて、ＥＵＥＴＳの制度改革を検討した。その結果、政府が発行する排出枠の量を、ＮＤＣと整合するように絞り込み、企業に無償で割り当てていた排出枠を段階的に削減していくことを決めた。

しかし、無償枠を削るだけでは、企業の国際競争力に悪影響が及ぶ。そこで、ＣＢＡＭも同時に導入することになった。２０２６年以降、無償割当を段階的に削減しながら、削減された分だけ、輸入品に炭素コストを乗せていく。８年後の２０３４年には、無償割当はゼロになり、輸入品への炭素コスト賦課が完全な形となる。

輸入者は、輸入品の製造時に生じた排出量に応じて、「ＣＢＡＭ証書」をＥＵの加盟国政府から購入し、一定期日までに納付する。その際、加盟国政府は、CBAM証書をEUETSの排出枠と同じ価格で販売する。これは、輸入品を域内産の製品よりも不利な扱いとしないためである。仮に不利な扱いとすれば、WTOの原則の一つである内外無差別に反することになってしまう。

製品排出量の計算の難しさ

このように、CBAMは、EUETSとの合わせ鏡になるように対称的に設計されている。しかし、根本的なところで相違点がある。EUETSは温室効果ガスが排出される工場の「生産」を対象としているのに対して、CBAMは工場で生産された「製品」を対象としていることだ。

この違いが、排出量の把握に係る負担に大きな差をもたらす。原理的には、製品の製造時に排出された排出量（以下、「製品排出量」と呼ぶ）は、工場の排出量から計算できる。ただ、実際には、この換算は容易ではない。たとえば、同一工場で複数の製品を作っている場合、工場全体の排出量をどの製品にどの比率で割り付けるのかといった問題が生じる。

もっと難しいのは、多数の部品で構成される自動車のような製品の場合である。自社工場での排出量に、他社が製造した部品の製品排出量を上乗せして、自社製品の製品排出量を計算することになる。そのため、輸出品を製造する企業は、部品サプライヤーから排出量データを取り寄せなければならない。消費税のインボイス制度のような情報のやり取りが、炭素用に必要となるのだ。さらに、CBAMには情報のやり取りについて、もう一つの壁がある。CBAMは、EUに製品を持ち込む「輸入者」に証書の納付義務を課す一方、多くの場合、輸入者は製品を生産する企業とは異なる。つまり、生産企業から輸入企業へのデータの提供も必要となるのだ。

EUETSも、CBAMも、元になるデータは工場の生産時の排出量である。しかし、CBAMでは、そのデータを個別製品に割り付けたり、サプライチェーンの企業間でやり取りしたりする必要があり、元データをそのまま使えばよいEUETSよりも、排出量集計の難易度が格段に高くなる。

そこで、EUは、製品排出量を集計する体制が一朝一夕には構築されないことを考慮し、2023年10月から2025年末までを移行期間と位置づけて、輸入者に対し、輸入品の製品排出量の報告義務のみを課した。この期間中はCBAM証書の納付、つまり炭素コストの負担は求められない。輸入者には、移行期間中に製品排出量を把握する体制を徐々に構築することが期待され、最初のうちは、簡易的な方法による排出量計算も認められている。同時に、EU自身も、輸入者から報告されたデータを踏まえて、本格実施に向けた準備を進めることになる。

対象製品限定の弊害

実は、CBAMは、EU側の視点から見て、不備が残る制度設計となっている。これには、二つの側面がある。

第一の不備は、CBAMの対象となる製品が、当面の間、鉄鋼、アルミニウム、セメント、肥料、水素などに限定されることだ。対象製品が限定されるのは、製品排出量の計算が困難なためで、まずは、その計算が比較的容易とされる一部の素材やエネルギーを対象として、制度を開始することになった。

対象外となった製品を見てみよう。化学製品は製造時の排出量が大きく、国際競争にも晒されており、CBAMの対象に相応しく見える。しかし、当面は対象外である。化学産業は、石油などの化石燃料を原料に多数の製品を製造しており、工場の排出量を個別製品に割り付けるのが難しいためだ。CBAMの対象とならないので、域内の化学産業に対するEUETSの無償割当は継続する。同様に、鉄鋼などの素材を加工して製造される自動車や産業機械も、部品点数が非常に多く、製品排出量の積算が困難なため、CBAMの対象外である。

ところが、自動車や産業機械に用いられる鋼材の、EU域内での生産に対しては、化学産業とは異なり、排出枠の無償割当が削減される。少しややこしいので段階を追って整理しよう。

まず、鉄鋼はCBAMの対象製品なので、外国からの鋼材の輸入には、CBAMのコストが課せられる。さらに、これに合わせる形で、EU域内の鋼材生産に与えていた無償割当が、鋼材の用途を問わず削減される。ルール上、削減の対象が「CBAM対象製品の生産」と指定されているためである。

ここで、鋼材を自動車や産業機械の形に変えて輸入する場合を考えよう。これらの製品はCBAMの対象外なので、CBAMのコストは課せられない。しかし、EU域内で生産された鋼材は、それが自動車や産業機械に使われるものであっても、鋼材がCBAMの対象である限り、無償割当が削られたままとなる。その結果として、自動車や産業機械の形で鉄鋼を輸入することが、炭素コストの面では最も有利になる。

しかし、これではEUの鉄鋼業、自動車産業、機械産業が一方的に不利になることに加え、炭素コストが発生しない国での鋼材生産を助長するので、カーボンリーケージにもつながる。

もちろん、EUはこの問題を認識しており、欧州委員会が2024年末までに、今回対象となった製品の川下製品（たとえば、鋼材を用いる自動車・産業機械）への適用拡大を検討することになっている。また、化学製品の一部（有機化合物とプラスチックを含むポリマー）への適用拡大も、2025年末までに検討する。どちらも、製品排出量の計算が困難であり、本当にCBAMの対象に加えることができるのかどうかは、まだ分からない。それでも、このハードルを乗り越えなければ、CBAMは不完全なものに留まり、カーボンリーケージのリスクが残り続けることになる。

輸出還付なき国境調整の問題

第二の不備は、CBAMには「輸出還付」が含まれていないことである。BCAは輸入課金と輸出還付の両方が揃って、完全なリーケージ防止策となる。もちろん、このことはEUでも認識されており、欧州議会は輸出還付に相当する措置を提案していた。ところが、もう一つの立法機関である理事会との調整過程で、この提案は退けられた。EUETSと組み合わせる輸出還付は、WTOのルールに反するおそれが高いためだ。

一般的に、新たに導入する制度がWTOルールと整合しているかどうかは、条約の条文や、WTOの準司法制度である紛争解決制度で示されてきた見解に照らして検討される。CBAMの輸出還付はWTOルールと整合するとの主張は存在するものの、ルールの一部である「補助金・相殺措置協定」の規定に違反するとの見方が根強い。それもあって、EUは輸出還付を見送らざるをえなかったのだ。

ところが、輸出還付なしで、EUETSの無償割当を廃止すると、輸出品に炭素コストが乗ったままとなり、域外市場、特にカーボンプライシングを導入していない国では、EUからの輸出品が不利な状況に置かれることになる。さらに、EUで低排出の方法で生産された製品の輸出が、現地で高排出の方法で生産された製品に置き換わることになれば、カーボンリーケージにもなってしまう。そのため、輸出産業は、輸出還付の導入を再三にわたり求めてきた。

この要求を踏まえ、欧州委員会は、移行期間終了から2年ごとに、輸出にともなうカーボンリーケージのリスクを評価することになった。そして、リスクの存在が認められる場合には、WTOのルールと整合的にそのリスクに対処する立法案を提示する。移行期間は2025年末で終了するので、最初の評価は2027年に行われる。無償割当の削減は年々拡大するため、隔年の評価を繰り返すたびに、輸出に関連するカーボンリーケージのリスクは高まっていくはずである。どこかのタイミングで歯止めをかけることができるのか、今後も議論が続く。

隣国ロシア・ウクライナ・トルコの反応

輸入品に炭素コストを課せられる国々はどう反応しているのか。

対象製品のうち、貿易額が最も大きい鉄鋼は、もともと、EUに隣接するロシアとウクライナからの輸入数量が多かった。しかし、2022年にロシアがウクライナに侵略すると、EUはロシアに経済制裁を課し、ロシアからの輸入を激減させた。ロシアは、WTOのルールに反する保護主義的な措置としてCBAMを批判しているものの、経済制裁の影響がCBAMのリスクを凌駕（りょうが）しているためか、反発にはあまり注目が集まっていない。

ウクライナからの輸入も、マリウポリのアゾフスタリ製鉄所が激戦地となったため、大きく減少した。そのようななかでも、ウクライナはEUへの加盟を目指しており、CBAMに反発するのではなく、輸出品への炭素コスト賦課を軽減できるよう、自国への排出量取引制度の導入を検討している。EUはカーボンプライシングを導入している国からの輸入品には、その価格分だけCBAMの負担を軽減するとしており、この仕組みを活用するということだ。

トルコもEUの隣国で、鉄鋼やセメントなど、CBAM対象製品の輸出が多い。ウクライナと同様に、排出量取引制度の導入を検討しており、CBAMの負担の軽減を狙う。トルコは長らくパリ協定を締結せず、2021年になってようやく締結した。CBAMはパリ協定の締約国と非締約国を区別するものではない。それでも、トルコの気候変動交渉官は、EUがCBAMの検討を開始したことが協定締結のきっかけの一つとなったとメディアに語った。

EUの周辺国のうち、ノルウェーはEUETSに参加していることから、また、スイスは自国の排出量取引制度をＥＵＥＴＳと連結していることから、ＣＢＡＭの対象外となっている。

ＥＵから脱退した英国は、ＥＵＥＴＳからも離脱し、独自の排出量取引制度であるＵＫＥＴＳを導入した。ＵＫＥＴＳはＥＵＥＴＳに連結していないため、英国はＣＢＡＭの対象となり、その適用にあたっては、ＵＫＥＴＳの価格分だけ負担が軽減される。また、英国独自のＢＣＡを２０２７年から開始する予定である。

中国とインドの反発

他方、中国とインドは反発を強めている。

中国は、対ＥＵの鉄鋼製品とアルミニウム製品の主たる輸出国であり、「ＣＢＡＭは、パリ協定とＮＤＣのウィン・ウィン協力の精神に反し、ＷＴＯの原則と規制にも合致しない」と批判している。しかし、ＥＵとの対話を閉ざしているわけではない。中国はＷＴＯの「貿易と環境に関する委員会」でＣＢＡＭを議論すべきと提唱しつつ、ＥＵとの間では、個別に二国間対話を続けている。

中国は国内で排出量取引制度を導入済みである。ただ、２０２３年末時点では電力部門のみが対象であり、ＣＢＡＭ対象部門にはカーボンプライシングが課せられないことから、今のままでは負担軽減は適用されない。そのため、CBAMの負担軽減も念頭に、対象部門の拡大に向けた準備を進めている模様である。

インドは、中国以上に反発を強めている。中国と同様の懸念を示しつつも、さらに踏み込んで、WTOの紛争解決制度への申し立てを検討している。加えて、CBAM対象製品のEUへの輸出に限定した炭素税を課してEU側でのコスト賦課を避ける構想や、EUからの輸入品に課税する対抗措置も議論されている。他方で、EUとの二国間の協議も行っている。インドも排出量取引制度の導入を計画しており、導入後は、その炭素価格に応じてCBAMの負担が軽減されることになる。

米EUのグローバルアレンジメント

CBAMを巡る米国とEUの関係は、かなり複雑である。その理由は、いわゆる「トランプ関税」である。トランプ政権は、2018年に国家安全保障上の懸念を理由に、ほぼ全ての国からの鉄鋼とアルミニウムの輸入に追加関税を課した。防衛のためには、鉄鋼業やアルミニウム産業を保護する必要があるとの理屈だ。諸外国は、安全保障ではなく、自国産業の保護が本当の理由であるとして反発し、EUを含む多くの国々は、米国からの輸入に対抗関税を課した。

バイデン政権発足後、米国とEUは、トランプ関税とEUの対抗関税の扱いについて協議を重ね、2021年10月末に暫定的な合意を得た。米国はEUからの輸入について過去の水準に当たる数量までは追加関税を一時停止し、EUも対抗関税を一時停止する。そのうえで、鉄鋼とアルミニウムの過剰生産能力の問題に対処し、同時に高排出な方法で生産された鉄鋼とアルミニウムの貿易を抑制すべく、「鉄鋼・アルミニウムのグローバルアレンジメント」を交渉し、2023年10月末までに合意を得ることとした。ただ、合意できない場合には、関税の一時停止の土台が崩れたということになり、米国はトランプ関税を、EUは対抗関税を復活させることになっていた。

本来であれば、生産能力は市場競争を通じて、需要に見合った水準に調整される。しかし、中国などが企業を支援しているため、構造的に供給過剰になる問題が長年続いてきた。生産能力が過剰になると、製品価格が下落し、企業は適切な利潤を得られなくなる。グローバルアレンジメントは、この問題と炭素排出の問題を同時に解消することを狙うものであり、その名称から分かるように、米国とEUだけで閉じるのではなく、合意後には、同志国に参加を呼び掛ける。

米国はEUとの交渉で、米国からの鉄鋼とアルミニウムの輸入を、CBAMの対象外とするように求めた。米国では、いくつかの州でカーボンプライシングが実施されているものの、連邦全体では実施されていない。しかし、ＩＲＡによって、発電を中心に脱炭素化が加速する見通しで、その電気を用いて生産した鉄鋼やアルミニウムは低炭素型となる。そうした製品に炭素コストを賦課するのは、環境目的に適わないとの主張である。

また、米国は、ＩＲＡの減税措置によって、連邦政府の財政面で大きな負担を引き受けている。ところが、ＥＵのＣＢＡＭは、ＥＵと輸出国の間のカーボンプライシングの価格差に応じて課金する仕組みであり、カーボンプライシング以外の形で生じている政策上の負担を考慮しない。そのため、米国の財政負担は斟酌されず、米国はこの点についても、ＥＵへの不満を強めていた。

これに対して、ＥＵは特定国だけを対象外とすることは、ＷＴＯの最恵国待遇の原則に反するとして反発した。最恵国待遇とは、ある国に与える最も有利な条件を、他の全ての国にも与えなければならない原則で、内外無差別と並んで、ＷＴＯの根本的な原則である。また、ＣＢＡＭの目的は炭素価格の内外差の調整であり、炭素価格とは関係のない基準での適用除外は受け入れがたいという問題もあった。

合意期限直前の２０２３年10月20日、バイデン大統領と欧州委員会のフォン・デア・ライエン委員長が会談した。しかし、グローバルアレンジメントへの合意を得ることはできなかった。その後、２０２３年12月には、米国は追加関税の一時停止を２０２５年12月末まで延長し、ＥＵも対抗関税の一時停止を同年３月末まで延長すると発表した。グローバルアレンジメントに関する交渉を継続するための措置である。ただ、これらの期限は実質的に、米国の大統領選挙後までの合意先延ばしを意味する。そして、もしトランプ前大統領が選挙で勝利すれば、米国はトランプ関税を復活させたうえで、それをさらに拡大・強化し、ＥＵは一層の対抗関税を打つという貿易戦争に発展する可能性が高い。

米国版の国境調整構想

実は、米国では、カーボンプライシングによらないＢＣＡの構想が検討されている。

２０２３年11月、共和党のビル・キャシディ上院議員らが、生産時の炭素排出が米国平均よりも10％以上高い輸入品に課金するという法案を提示した。対象製品は、エネルギー製品（天然ガス、石油、水素、鉱物、太陽光パネル、風力タービン）及び素材（鉄鋼、アルミニウム、石油化学品など）である。課金額は輸入品の価額の一定割合とし、その割合は、炭素排出が米国平均から上振れするほど高くなる。さらに、課金率を時間とともに、徐々に引き上げることで、最終的には米国平均からの上振れが10％以内に収まるように誘導する。米国の排出量がＩＲＡの効果で低減するなか、そのペースに追いつけない国からの輸入品は、米国平均からの乖離が広がって課金率が高くなり、米国市場から締め出されていく。ＥＵのＣＢＡＭ

とは異なり、原産国側のカーボンプライシングは、課金額に関係しない。

さらに、他国との間で国際連携協定を結ぶ場合、その国からの輸入品に対しては、米国平均からの上振れが50%以内に留まる場合に限り、炭素課金を行わない。ただし、協定を結ぶ相手国にも、生産時の排出量の差に応じた貿易措置を、米国の措置と整合的な方法で実施することを求める。つまり、米国流の措置を取る国々の間では相互に課金せず、その外側には課金するのである。ただし、非市場経済国は、国際連携協定の対象外とされているため、中国はこの内側には入らない。

キャシディ上院議員らの法案が今すぐ成立する見込みはない。というのも、共和党のなかでこの法案を支持する議員は少数派で、むしろ多くの議員が国内における炭素税導入の呼び水になると警戒しているためだ。しかし、一部の民主党議員がキャシディ上院議員との交渉に関心を示している。また、バイデン政権は、EUとのグローバルアレンジメントの交渉で、原産国のカーボンプライシングの有無とは関係なく、生産時の排出量のみに基づく国境調整を提案したと報じられており、キャシディ上院議員の法案に近い考え方を取っている。超党派での関心があることは、将来的にこの構想が成立する可能性を示唆している。

EUのCBAMとは異なるBCAが米国で導入されれば、第三国は、両方のBCAに対応しなければならず、混乱が少なからず起こるだろう。ただ、米国の市場規模は大きいことから、他国には米国平均の排出量に追いつこうとするインセンティブが働く。しかも、他国は排出量を減らす手段として、カーボンプライシングを用いても、それ以外の手段を用いても、排出量の減少に応じて等しく負担が軽減される。この点では、カーボンプライシングのみを優遇するEUのCBAMよりも、輸出国側に与えられる柔軟性は高い。

カーボンプライシングによらない米国流のBCAが本当に成立するのか。今後の動向を注視する必要がある。

日本への影響

最後に、日本への影響はどうなるか。今回選ばれたCBAMの対象製品（鉄鋼、アルミニウム、肥料、セメント、水素）のEUへの輸出量は小さく、当面、直接的な影響はほとんどない。しかし、欧州委員会は、2024年末までに今回対象となった製品の川下製品、たとえば、鋼材を用いる自動車・自動車部品・産業機械にもCBAMを適用するかを、また、2025年末までに有機化合物・ポリマー（プラスチックを含む）にも適用拡大するかを検討する。その検討を踏まえて適用拡大する場合、日本からEUへの主要輸出品の大半がCBAMの対象となる。

3―4は、過去3年の対EU輸出品の上位を示したものである。川下製品・有機化合物・

3－4　EUへの主要輸出品の輸出額の推移（2019～2021年）

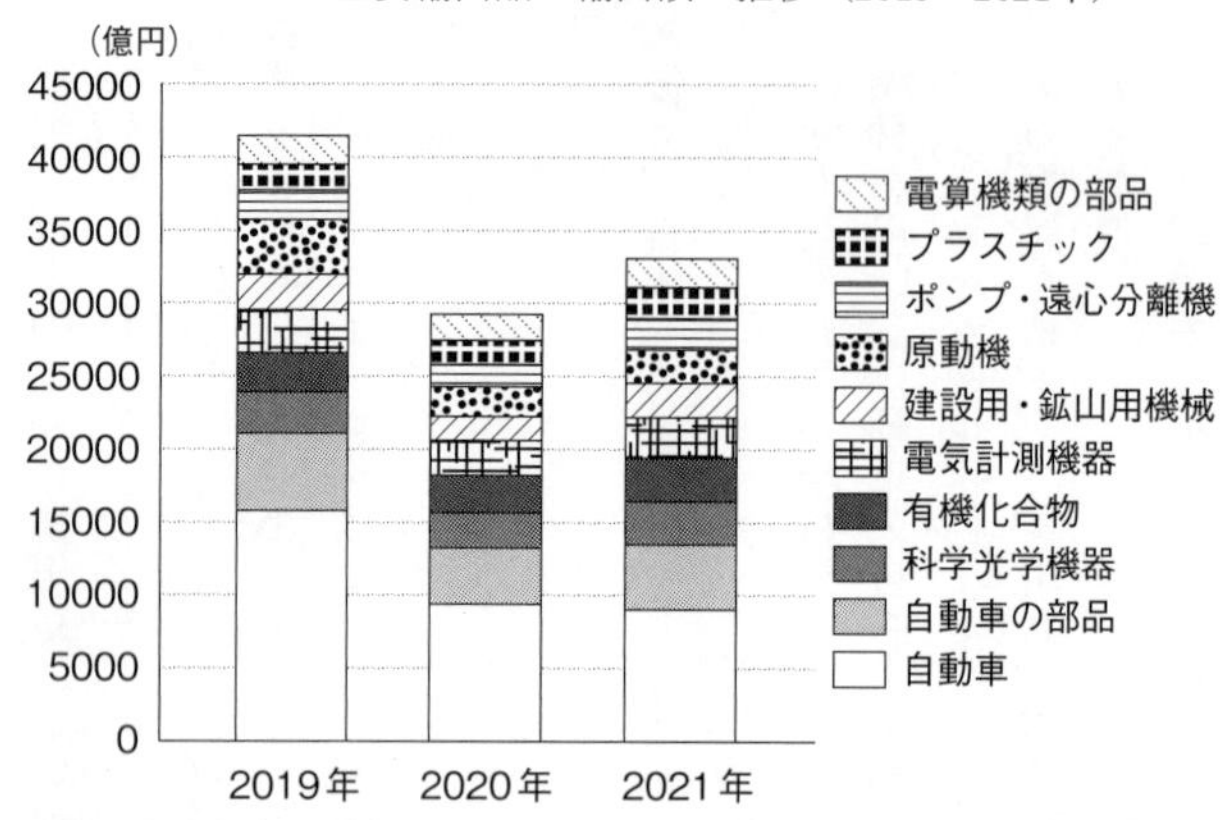

出典：財務省貿易統計

ポリマーの全てが対象となれば、２０２１年の上位輸出品のうち、１位、２位、４位、６位、７位、８位、９位に、ＣＢＡＭの負担が賦課されることになる。

日本政府は、これまでのところＣＢＡＭに強くは反発していないが、産業界には根強い警戒感がある。今後、日本は、２０２３年２月に閣議決定した「ＧＸの実現に向けた基本方針」に基づき、「化石燃料賦課金」と日本版の排出量取引である「ＧＸ－ＥＴＳ」という二本立てのカーボンプライシング政策を導入する。ＣＢＡＭの対象製品に課せられるのは、主として、ＧＸ－ＥＴＳと見られ、その炭素価格分だけ、ＣＢＡＭの負担は軽減される。

ただし、課題もある。ＧＸ－ＥＴＳは目標未達分（目標と実排出量の差分）にのみ、カーボン・クレジットなどの購入を求める方式であり、全排出量と同量の排出枠納付を求めるＥＵ ＥＴＳよりも、炭素価格を支払う排出量の範囲が狭い。そのため、日本からの輸入品に対する負担軽減がクレジットなどの購入分に限定され、残りの部分には炭素コストが課せられる可能性がある。排出量取引にはいくつかの方式があり、日本はＥＵとは異なる方式を採用することから、ＣＢＡＭの負担があまり軽減されないおそれがあるのだ。

３　気候変動対策と自由貿易は両立するか

「底辺への競争」と「頂上への収斂」

このように、２０２０年代に入ると、気候変動対策と貿易の接点が拡大し、国家間で軋轢が生じるようになった。この事象は、根本的には「気候変動対策と自由貿易は両立するのか」との問いに帰着し、長い間、学術的にも実務的にも議論が続いてきた。

「底辺への競争」と「頂上への収斂」は、その議論のなかでよく用いられてきた概念である。「底辺への競争」とは、輸出入の国際競争力を高めるために、各国が競い合って気候変動対策、特に排出規制を緩めてしまう状況を指す。規制は製造業の生産コストを高めることから、その強度を弱めることで産業活動のコストが安くなり、自国製品の競争力が高まる。

そのため、自国が規制を強化するなかで他国が緩めると、競争で一方的に不利になることから、各国には規制を弱める誘因が働きやすいとされる。このケースでは、自由貿易の促進が気候変動対策を弱める方向に作用する。

これに対して、「頂上への収斂」は、ある国が規制を強化すると、その国に製品を輸出している国も規制を強化する状況を指す。輸出先の規制に合わせて製品を設計し製造するので、同じものが自国でも供給可能となって、輸出国の政府が規制を強化しやすくなるためである。このケースでは、自由貿易の促進を通じて気候変動対策が強化される。特に市場規模が大きい国が規制を強化する場合には、他国への波及影響が強まって、この力学が働きやすくなると言われている。

これらの議論は、主として「規制政策」を対象とするものであるが、気候変動対策のなかには、IRAのような「政府支援」もある。既に述べたように、各国政府は脱炭素の産業支援を競い合っており、この状況が気候変動対策を推進する観点からは、頂上への競争と評価されることがある一方、その競争が自由貿易を歪める悪影響を懸念して、「保護主義の連鎖」と見なされることもある。もちろん、政府支援を内外無差別に設計することは可能ではある。しかし、外国企業が政府支援から大きく受益することになれば、自国の納税者の支持を失いかねない。そのため、各国が内外無差別の支援を競い合う頂上への収斂よりも、支援を早々に手じまいする底辺への競争か、自国企業に有利な仕組みに改める保護主義の連鎖に陥りやすいと考えられる。

規制政策にせよ、政府支援にせよ、底辺への競争に陥って気候変動対策を強化できない場合、各国は底辺に留まり続けるか、気候変動対策を強化しつつ、それによる不利を緩和するために自由貿易を制限するかのどちらかを選ぶことになる。後者の場合、ＷＴＯのルールに反する貿易制限であれば、保護主義への陥落となるが、ルールに整合的な範囲での制限であれば、その国は底辺への競争を脱し、制度上は、気候変動対策と自由貿易を両立させていると見なせる。そして、二つを両立させている国の対策に他国が政策を合わせれば、頂上への収斂となる。

底辺への競争と頂上への収斂は両極で、その中間に様々なバリエーションがある。望まれるのは、現状から頂上への収斂に少しでも近づけることである。以下では、まず、ＩＲＡとＣＢＡＭをこの視点から捉えなおしたうえで、日本が頂上への収斂に向けて、何ができるのかを論じる。

ＩＲＡと保護主義連鎖のリスク

ＩＲＡは、再エネ電気やＥＶなどの脱炭素技術の導入を減税で後押しする政策である。実はＩＲＡ以前から減税による支援策は存在しており、ＩＲＡはこれを大幅に拡充しつつ、新たに原産国要件を盛り込んだ。原産国要件を課したのは、バイデン大統領の選挙公約の実現や経済安全保障上の懸念からだった。シンプルに捉えるならば、国産優遇なしで減税を拡充すれば、外国製品の輸入が一層拡大し、米国民の反発を招くおそれがあったということだ。気候変動対策の強度を高めることと引き換えに、ＷＴＯルール違反の懸念が強い原産国要件を課し、自由貿易を制限したのである。

ただ、米国が国産支援を露骨に強化した理由はこれだけではなく、中国の産業支援も遠因だった。近年、中国企業は政府からの様々な支援のもと、脱炭素分野のグローバルなサプライチェーンで支配的な地位を占めるようになった。米国がサプライチェーンの再構築なしで減税支援を行えば、米国の負担で中国企業を利することになり、経済安全保障上の懸念も生じてしまう。

そして、ＩＲＡを契機として、ＥＵも原産国要件には踏み込まない範囲で、脱炭素製品の国産支援を開始した。日本もＧＸ政策として製造業支援を行う。

これが、ＷＴＯルールに反しない範囲での補助金競争であるならば、頂上への収斂と言えなくもない。しかし、ＩＲＡの原産国要件のように、ルール違反が強く疑われる措置もあり、「頂上への収斂」論が想定する気候変動対策と自由貿易の両立からは程遠い。自由貿易推進の立場から見れば、保護主義の連鎖とも言えよう。脱炭素技術の市場規模や戦略的な重要性が高まるにつれて、WTOルールとの整合性が疑わしい原産国要件や産業支援に踏み出す誘因が強まっており、自由貿易との両立が難しくなっているのだ。

他国の産業支援による通商上の悪影響を是正するには、アンチダンピング税や補助金相殺関税といった手段もあり、これらはWTOルールと整合的に実施可能である。既に述べたように、米国は中国などからの太陽光パネルの輸入にこれらを課しており、EUも中国製EVへの補助金相殺関税の可能性を探っている。ただ、これらの措置は自国市場を守るのには有効であっても、輸出市場での不利には対応できないという限界がある。

CBAMと好循環の萌芽

CBAMは、カーボンリーケージを防ぐための対策である。カーボンリーケージは、排出規制が弱い国に生産活動がシフトする現象であり、もしEUがカーボンリーケージを懸念して規制強度を緩めれば、底辺への競争になってしまう。EUはそうする代わりに、CBAMを導入し、輸入品への炭素コスト賦課という形で、貿易への制約を課すことを選んだ。そして、これがWTOルールと整合していれば、ぎりぎりのところで自由貿易との両立を保てていると言える。

この点について、EUは、WTOルールと整合的にCBAMを実施すると繰り返し強調する一方で、中国やインドは、WTOルールに違反していると主張する。EUは今のところ、WTOルールのどの部分をもって、CBAMを正当化できるのかを明らかにしていない。今後、中国やインドがWTOの紛争解決制度に申し立てを行った際に、EUはルール整合の根拠を示すことになる。様々なルールのうち、CBAMに主に関係するのは、GATT（関税および貿易に関する一般協定）である。GATTには本則と例外規定があり、EUは両方を組み合わせながら、CBAMを正当化するものと予想される。その主張が認められるかどうかは、紛争解決制度の判断が示されるまで分からない。

ここで注目すべきは、EUに輸出している国々が、CBAMに合わせて自国の対策を強化するかどうかである。トルコやウクライナといったEUの隣国はEUへの輸出量が大きく、CBAMによるコスト賦課を減らすために、排出量取引の導入を検討し始めた。また、中国とインドは反発しつつも、自国の排出量取引制度を整備しようとしている。もちろん、EUの排出量取引制度が求める削減水準は厳しく、これらの国々がEU並みの「頂上」に収斂するとは考えにくい。仮にEUの水準に合わせると、EUへの輸出品だけではなく、国内生産全体に多大なコストが発生し、物価の高騰を引き起こしかねないためだ。

それでも、底辺への競争とは逆方向の動きが出始めていることは興味深い。第2章の最後に国境炭素調整は主要国間の努力水準の乖離を埋める機能を持ちうると述べたが、この事象はその兆候と言える。

他方、底辺への競争のリスクを完全に拭えているとも言えない。ＣＢＡＭには輸出還付がなく、カーボンリーケージのリスクを払拭しきれていないためだ。今後、輸出還付がないままに排出量取引のコストが高騰すれば、ＥＵからの輸出品は一方的に不利になる。悪影響が拡大し、カーボンリーケージや雇用の喪失が起これば、ＥＵＥＴＳの強化を止めざるをえなくなるかもしれない。

頂上への収斂の道筋をさらに難しくしているのが、米国で連邦全体のカーボンプライシングの導入がほぼ不可能であり、この好循環の萌芽を育てるのに限界があることだ。第1章で論じたように、米国では、オバマ政権期に排出量取引制度を導入する機運が高まったことがあった。しかし、連邦議会上院で法案の可決に必要な票数を確保することが不可能となり、頓挫した。ＩＲＡがカーボンプライシングではなく、減税という政策手法を採用したのは、この時の反省を踏まえたものだった。

この政治状況は当分変わる見込みはなく、ＥＵのＣＢＡＭをきっかけとする好循環が回りだしたとしても、米国がカーボンプライシングを導入して、その輪に加わることは考えにくい。仮に米国が同調すれば、グローバルな影響力は一気に拡大する。ただ、実際には、米国は加わらないため、他国の反応は弱まらざるをえず、「頂上」には到達しがたくなる。

米国もEUも、脱炭素に向けた取り組みを強化している。それでも、すれ違いが生じるのは、中心的な気候変動対策が、米国ではポジティブインセンティブ型の減税であるのに対して、EUではネガティブインセンティブ型の排出量取引になっているためである。政策の型が異なるために、頂上への収斂に向けた協調が難しくなっているのだ。

まとめると、CBAMは輸入品に炭素コストを賦課する点では貿易を制約する一方、EU自身はWTOのルールに整合させることを企図しており、今のところは、自由貿易との不整合を起こしているとは言い切れない。EUに輸出している国々には政策強化の兆しがあり、頂上への収斂には遠いものの、好循環の萌芽を見て取れる。ただ、輸出還付がないことで、EUの試みが失敗に帰し、底辺への競争に近づくリスクがまだ残っていることや、米国がこの好循環に加わる見込みがないことなど、課題もある。

GXの投資支援と出口戦略

これから、日本はGXの実現に向けて、10年間で20兆円の投資支援と、カーボンプライシングの強化を行う。これらを、日本の国益を損なわず、同時に自由貿易との齟齬を最小化しつつ、少しでも頂点への収斂に近づけるにはどうすればよいか。

前述の通り、ＧＸの投資支援策には、国産支援の側面があるものの、民間だけでは投資判断できないものを対象とすることから、他国に害を及ぼすほどに競争的な産業支援になるとは考えにくい。また、ＩＲＡの原産国要件のような規定もない。そのため、今のところは、自由貿易との両立に配慮したものとなっている。もちろん、最終的には、支援の執行時にどの設備にいくらを補助するかを詳細に決定し、貿易を歪曲するかどうかは、この設計次第となる。条件を抑制的にしすぎると、企業は投資をためらう。逆に寛容にしすぎると、貿易歪曲の懸念が強まる。政府には、両者のバランスを慎重に見極めることが求められる。

他方、政府支援をいつまでも続けるわけにもいかない。国家財政上の負担が大きいことに加え、貿易相手国との補助金競争を誘発して、自由貿易体制を毀損しかねないためだ。産業支援は短期的には国益に適うかもしれないが、長期的には貿易立国の基盤となる自由貿易を弱体化させ、国益を深刻に損なうおそれがある。そのため、日本は補助金競争を過度に煽る意図がないことを明確にすべく、政府支援の終了に向けた道筋を示すべきである。

実は日本政府は、貿易相手国へのメッセージングとは異なる理由から、その青写真をＧＸの政策文書で既に提示している。というのも、もともと投資支援の期間を10年と区切っているため、支援終了に向けた「出口戦略」を国内向けに予め示しておく必要があったのだ。脱炭素投資は、通常投資よりもコストやリスクが大きい。そこで、この差分を埋め合わせる方法として、政府は投資支援、カーボンプライシング、脱炭素製品の需要創出の三つを組み合わせることを提示している。当面は投資支援が中心となる。しかし、時間とともにカーボンプライシングが拡大し、それにともない、投資支援の役割は減る。これらで埋めきれない部分は、製品需要の創出で対応する（3―5）。

3―5　GXにおけるコスト差の埋め合わせの考え方

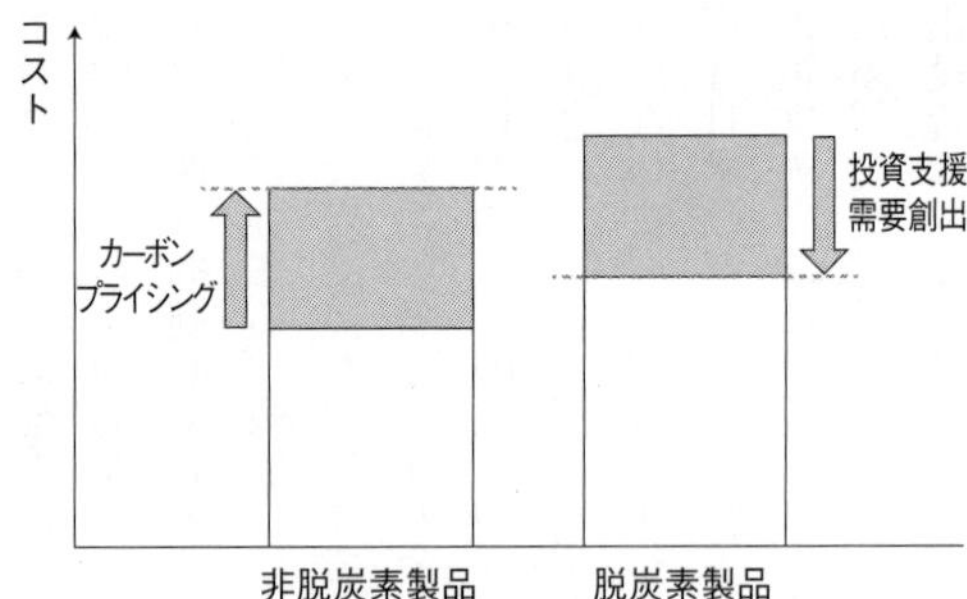

出典：GX実行会議の政府資料を一部改変

脱炭素製品のなかには、EVのように従来製品（EVの場合はガソリン車）と明確に区別されるものがある一方、炭素排出をともなわない方法で生産された鋼材のように、従来製品と性能面で変わらないものもある。後者の需要をどのように創出するかは、鋼材のような素材の脱炭素化に向けて、重要な政策課題となる。最初の一歩は、政府調達で脱炭素製品を優遇することである。米国では、政府調達や公共事業での優遇が既に始まっており、日本政府も同様の方針を示している。その先には、民間調達での普及につなげる必要がある。

また、素材だけではなく、様々な製品に、その製造に要した炭素排出（「カーボンフットプリント」という）を表示し、企業や消費者がフットプリントの小さい製品を選択するような制度環境を整えていく必要もある。実は、EUはこの分野の政策で先行しており、食品・医薬品以外のあらゆる製品に対し、環境面での設計要件を課し、製品のカーボンフットプリントの情報などを「デジタル製品パスポート」を通じて消費者に提供する「エコデザイン規則」を策定している。三つの施策のうち、脱炭素製品の需要創出はこれらの取り組みを指す。

このように、政府は投資支援を実施しつつ、カーボンプライシングの拡大と脱炭素製品の需要創出も並行して行うことで、投資支援を段階的に縮小させることを目論む。しかし、三つの施策を上手く連携させ、最終的に政府支援なしで脱炭素投資が行われる状況を作り出せるのかどうかは、まだ分からない。カーボンプライシングと需要創出への橋渡しが円滑に進まなければ、投資支援が無駄遣いとなってしまうおそれもある。

課題はまだある。仮にこれらの施策が狙い通りの成果を収めても、貿易相手国が産業支援を続ける限り、その悪影響が残り、自国市場を完全には守り切れない。そのため、必要な場合には、アンチダンピング税や補助金相殺関税を講じる必要がある。日本はこれまで、補助金相殺関税を活用してこなかった。しかし、脱炭素の補助金競争から抜け出す一助として、この手段を真剣に検討すべき時期に来ている。さらには、補助金競争から抜け出す意思を持つ国々との国際協調も必要となろう。

日本版の国境調整と輸出還付

投資支援策に並ぶGX政策の柱は、カーボンプライシングである。日本政府は2023年度からの10年間を先行投資期間と位置づけて、政府支援を集中的に行いつつ、徐々にカーボンプライシングを拡大していく。EUと同様に、いずれ、BCAを必要とする可能性が高い。その頃には、EUのCBAMのうち、どの部分がWTOルールと整合的と見なされるのかが明らかになっており、EUの経験に学びながら、日本のBCAを設計すればよいだろう。

しかし、根本的な問題が一つ残る。輸出還付である。米国やEUと比べて、製造業の輸出比率が高い日本にとって、輸出還付を行えるのかどうかは、死活問題となりうる。既に述べたように、WTOルールと整合的に、排出量取引に輸出還付を組み合わせるのは極めて難しい。他方、カーボンプライシングのもう一つの形態である「炭素税」であれば、輸出品への消費税の還付と同様に、WTOルールと整合的に還付を実施できる可能性がある。日本の制度で炭素税に相当するのは、2028年から導入される化石燃料賦課金である。輸出品にかかるカーボンプライシングを、GX−ETSではなく、化石燃料賦課金に寄せることで、輸出還付への道を拓(ひら)けるかもしれない。その判断に向けて、EUがEUETSに輸出還付を組み合わせる強硬策に出るのか、出た場合にWTOの紛争解決制度でどのような判断が下されるのかを注視する必要がある。

もし、カーボンプライシングで頂上への収斂、つまり炭素排出に課せられる価格の共通化が起きれば、埋め合わせる炭素価格差が消失し、BCAは不要となる。しかし、既に述べたように、期待できるのはせいぜい、EUのCBAMによって好循環が起こり、各国の対策が少し強まる程度であろう。米国が国内政治上の理由でカーボンプライシングの導入が困難であることも収斂を難しくしている。

それでも、他国が対策を強めた分だけ、BCAを弱めることができ、貿易への介入度も減る。頂点への収斂は無理であっても、カーボンプライシング政策をとる国々の間での国際協調を図ることは有益である。

第4章

金融と気候変動のグローバルガバナンス

2015年９月29日、「時間軸の悲劇」について講演するイングランド銀行のマーク・カーニー総裁
写真提供◎アフロ

「気候変動は、時間軸の悲劇（the Tragedy of the Horizon）である。気候変動の破局的な影響は、ほとんどの主体の通常の時間軸を超える。（中略）金融政策の時間軸は2～3年である。金融の安定の時間軸は、信用サイクルに合わせて、通常、約10年である。言い換えれば、気候変動が金融安定の決定的な課題となったときには、もう手遅れかもしれない」

2015年9月、英国の中央銀行であるイングランド銀行のマーク・カーニー総裁は、同年12月に予定されていたCOP21に向けた演説のなかで、こう主張した。

中央銀行の役割は物価と金融の安定であって、気候変動に関して直接的な対策を取ることではない。ところが、カーニー総裁は「時間軸の悲劇」を持ち出すことで、気候変動を金融の安定に結びつけた。金融当局の通常の視野である数年～10年では、気候変動の長期的なリスクを捉えきれず、それが金融の安定を揺るがすことに気付いたときには、もはや手遅れになっているかもしれないと問題提起したのだ。そのうえで、金融当局の時間軸を延ばすための取り組みが必要であり、具体策として、後述する企業の気候情報開示と、金融機関に対する気候ストレステストを提案した。その後、これらを実装するための国際イニシアティブが立ち上げられ、ルールメイキングや分析ツールの整備が進められている。

他方、民間の金融業界も、投融資先の企業の排出量（「投融資排出量」という）を減らす国際イニシアティブを立ち上げて、2030年や2050年といった中長期の削減目標を掲げるようになった。これは投融資を受ける企業にとっては、排出削減が資金調達に影響することを意味し、座視できない重大な変化である。短期的な利益を追い求める印象が強い金融業界も、長期的な気候変動問題に取り組むようになっているのだ。

金融と気候変動を巡る国際的な動きは「多中心的（polycentric）」である。パリ協定のような単一の中心的な国際条約が存在して、それを軸に国際協調を進めるのではなく、様々なイニシアティブが上下関係を持たずに並立しながら、規範やルールが形成されている。イニシアティブには、各国の当局間で進めるものもあれば、民間主体のものもある。扱われるトピックも、金融当局の関心事である金融の安定から、民間金融機関による投融資排出量の削減まで幅広い。さらには「サステナブルファイナンス」を主導するEUの政策、特に「EUタクソノミー」が他国に及ぼす波及影響もある。これらは個別に進行し、相互に調整されることはない。それでも、齟齬をきたさずに、全体としては取り組みが前に進んでいく。

短期的な時間軸で動いていた金融当局と金融業界が、長期的な気候変動問題に取り組むようになったのはなぜか。以下では、①気候変動と金融安定、②投融資排出量の削減、③EUタクソノミーの波及影響を取り上げて、金融と気候変動がどう結びついてきたのかを概観し、全体として見たときに、「多中心的ガバナンス」と呼べる状況となっている様を描く。そのうえで、日本が主導する移行金融の動きを見ていく。

1　気候変動は金融危機を引き起こすのか

「時間軸の悲劇」演説

カーニー総裁の2015年の演説に話を戻そう。金融当局の時間軸を延ばす必要があるのは、そうしなければ、「時間軸の悲劇」の兆候を見過ごしかねないからである。しかし、本当に気候変動に起因する金融危機は起こりうるのだろうか。

カーニー総裁が示したロジックは、次の通りである。

まず、気候変動が金融の安定性に悪影響を及ぼす経路には「物理的リスク」「賠償責任リスク」「移行リスク」の三つがある。「物理的リスク」は気候関連の自然災害にともなって、保険金の支払いが増加したり、企業の保有資産の価値を毀損したりすることで、金融に悪影響を及ぼすリスクである。「賠償責任リスク」は気候変動による損失や損害を被った主体が化石燃料の生産者や炭素の排出者に補償を求めることによるリスクである。「移行リスク」は低炭素化を実現するための政策変更や技術革新によって、既存資産の価値が毀損するリスクである。

そして、これらのリスクが、準備が不十分な段階で急に発現すると、様々な資産、たとえば化石燃料に関する資産や気象災害に脆弱な資産の再評価が一斉に行われ、その価値が損なわれる。その結果として、２００８年のリーマンショックのように、金融システムが不安定化しかねない。準備が間に合わないのは、金融当局の時間軸が気候のリスクに比べて近視眼的すぎるためであり、この状況が放置される限り、金融危機のリスクが残る。

カーニー総裁の立論は、仮定の上に仮定を重ねている部分があり、本当にそのようなリスクが存在しているのかは、確実ではない。特に、資産が一斉に再評価されるショック――金融の用語では「ミンスキー・モーメント」――にまで発展するリスクは、仮に存在していても、その発生確率は低いだろう。

しかし、金融の安定を維持するためには、こうした稀頻度だがインパクトが大きいテールリスクに対して、その存在が明らかになるまで待つのではなく、予め準備を進めておく必要がある。カーニー総裁はその初手として、気候変動に関する「情報開示」と「ストレステスト」を提示し、これらにより、金融当局の時間軸を延ばすことを提案した。時間軸が延びれば、ショックが起こる前に手が打たれ、変化を緩やかなものへと誘導できるかもしれない。

ここで興味深いのは、パリ協定との関係である。カーニー演説はパリ協定を採択したCOP21の直前に行われたものであり、この時点で、第2章で取り上げたNDC方式など協定の骨格はほぼ固まっていた。もしパリ協定が十分に実効的であるならば、各国のNDC達成を通じて温室効果ガスの排出削減が進み、カーニー総裁が挙げた3種のリスクは予め抑制される。そして、金融当局が依然として近視眼的であっても、ショックは起こらないはずである。ところが、カーニー総裁はショックのリスクを視野に入れていた。演説でそう明確に述べているわけではないが、パリ協定の効果は限定的かもしれず、金融当局としては、金融安定の観点からの追加的な取り組みが必要であると、暗黙の裡に想定していたように見える。

企業の気候情報開示

カーニー総裁は、当時、金融安定理事会（Financial Stability Board：FSB）の議長も務めていた。FSBは、主要国の中央銀行・金融監督当局（以下、この両者をあわせて、金融当局と呼ぶ）、国際通貨基金、世界銀行、国際決済銀行などが参加する組織であり、金融システムの安定化に向けた国際協調を図る場である。世界金融危機への対応の一環として、2009年に前身となる組織を強化する形で立ち上げられた。

カーニー演説を踏まえ、FSBは2015年11月に、G20に対して、気候関連リスクの情報開示に関するタスクフォースの設置を提言した。G20はもともと、財務大臣・中央銀行総裁の会議だった。しかし、2008年の世界金融危機の発生後、首脳会議も開催されるようになり、「国際経済協力の第一のフォーラム」との役割が新たに与えられた。ＦＳＢは２００９年にＧ20サミットの承認のもとで創設されたことから、Ｇ20の関連組織としての性格を帯びるようになった。

そして、ＣＯＰ21期間中の２０１５年12月４日に、ＦＳＢは気候関連財務情報開示タスクフォース（Task Force on Climate-related Financial Disclosures：ＴＣＦＤ）を立ち上げた。ＴＣＦＤは政府間の組織ではなく、「民間主導」のイニシアティブの形態をとった。これには、ＦＳＢの過去の経験があった。ＦＳＢは２０１２年に、銀行の財務リスク開示の枠組みを定めるべく、開示強化タスクフォースを民間主導の組織として設置した。同タスクフォースは速やかに提言を取りまとめるなど、一定の成功を収めたことから、ＴＣＦＤも民間主導となった。

ＴＣＦＤは30人程度のメンバーで構成されていた。議長に就いたのは、金融情報サービス企業を創設して成功を収め、ニューヨーク市長を３期務めたマイケル・ブルームバーグ氏だった。その下に、副議長３名と、機関投資家を中心とするデータ利用者、事業会社を中心とするデータ作成者、格付会社・監査法人などが加わった。機関投資家が「データ利用者」となっているのは、次節で述べる「ＥＳＧ投資」を牽引する長期投資家として、企業の気候情報開示を活用することが期待されているためである。特に年金基金や生命保険会社は数十年の超長期で資産を運用することから、気候変動のような超長期のテールリスクへの関心を持ちやすい。TCFDには事務局も設置され、そのトップにメアリー・シャピロ氏が就いた。シャピロ氏は、オバマ政権期に米国証券取引委員会の委員長を務めた人物である。

1年半の作業を経て、TCFDは2017年12月に、企業の気候変動情報開示の枠組みを、FSBへの提言として取りまとめた。枠組みは、全ての部門に対する共通ガイダンスと、金融の各部門（銀行、保険会社、アセットオーナー、アセットマネージャー）への個別ガイダンス及び非金融の各部門（エネルギー、運輸、素材・建物、農業・食品・木材製品）への個別ガイダンスで構成されている。開示が求められるのは、「ガバナンス」「戦略」「リスク管理」「指標と目標」の4分野である。ガバナンスには二つの開示項目、残りの3分野にはそれぞれ三つの開示項目があり、合計で11項目となっている（4―1）。各開示項目の詳細は共通ガイダンスと個別ガイダンスのなかで規定されている。

興味深いのは、「戦略」に関する開示項目の一つに、パリ協定の温度目標（2℃より十分に低い温度上昇に抑え、1・5℃以内となるように努力を追求）に沿ったシナリオ分析を位置づけていることである。平たく言えば、温度目標が達成されると想定した場合に、自社の戦略が耐えられるかどうかを分析することが求められる。パリ協定下の各国のNDCに沿ったシナリオ分析の併用を認めるものの、温度目標に沿ったシナリオ分析は必須とされている。ここ

4―1　TCFDの推奨開示項目

ガバナンス	① リスクと機会に関する取締役会の監督 ② リスクと機会に関する経営陣の役割
戦略	③ 短期・中期・長期のリスクと機会 ④ リスクと機会が事業・戦略・財務計画に及ぼす影響 ⑤ 温度目標シナリオ等を考慮した組織戦略の強靭性
リスク管理	⑥ リスクを特定・評価するプロセス ⑦ リスク管理のプロセス ⑧ 組織全体のリスク管理への統合方法
指標と目標	⑨ リスクと機会の評価指標 ⑩ 温室効果ガス排出量と関連するリスク ⑪ 目標及び目標に対する成果

にも、NDC方式の効果は限定的であり、リスク管理の観点からは、NDCを超える排出削減を想定すべきとの暗黙の前提を見て取れる。

TCFDの提言は新たな情報開示制度を構築するものではなく、企業が「自主的」に情報を開示する際の枠組みを提供するものである。TCFDは提言公表直後から賛同企業を募っており、2020年2月までに、1000以上の企業・団体が賛同した。その数は2023年10月には、4800以上となった。TCFDが毎年公表してきた現状報告によれば、2022年度は上場企業の58%が11項目のうち5項目以上を開示しており、2020年度の18%から劇的に改善した。ただし、全11項目を開示したのは、わずか4%に留まっていた。

このように、開示情報の範囲にバラつきがあるとはいえ、多くの国で企業の自主的な気候情報開示が進展し、通常のプラクティスとして定着していった。しかし、現状では、金融当局が、開示された情報を金融安定のために活用するところまでには至っていない。開示情報を金融のリスク管理指標に転換する方法論の整備など、未解決の課題が多数残っているためである。金融当局の視野を延ばすという本来の目的の実現は、まだ道半ばであるのだ。

国際サステナビリティ基準審議会

自主的なプラクティスの先にあるのは、ルールメイキングである。ＴＣＦＤの枠組みは、気候変動に関する情報開示の項目を体系化しているものの、それ自体はルールではない。また、ＴＣＦＤ以外にも気候変動やサステナビリティに関する情報開示の民間イニシアティブが多数存在し、混乱が生じていた。そのため、企業や投資家などの様々なステークホルダーが、統一的なルールの策定を強く求めていた。

この要望を踏まえ、ＩＦＲＳ財団が、２０２１年11月のＣＯＰ26で、国際サステナビリティ基準審議会（ＩＳＳＢ）の設立を発表した。ＩＦＲＳ財団は、国際会計基準を策定した団体である。民間の組織ではあるものの、主要国の証券監督当局が加わるモニタリングボードを設置し、その監視を受けることで、基準設定主体としての「正統性」を高めている。また、ＩＦＲＳ財団は、世界各国の証券監督当局や証券取引所などが加盟する証券監督者国際機構（ＩＯＳＣＯ）とも連携している（４―２）。

4－2　IFRS財団とISSB

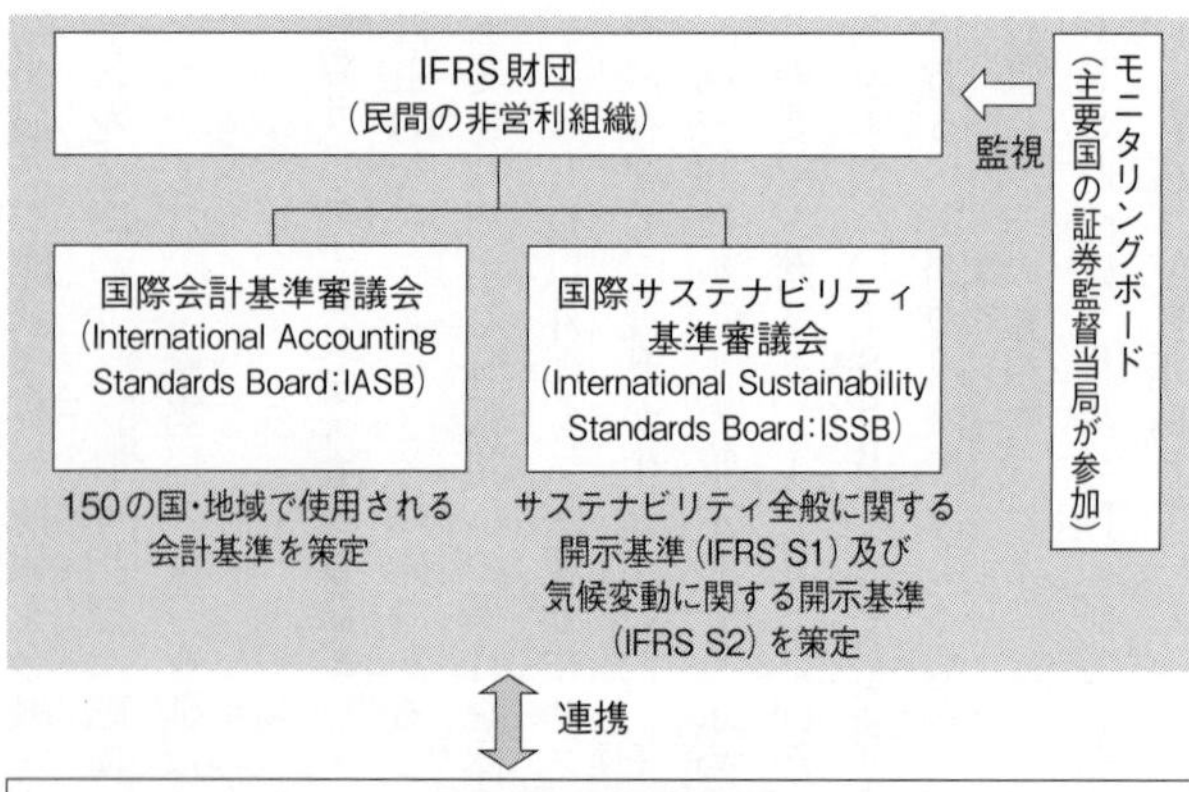

※日本では、公益財団法人財務会計基準機構の下に設置されたサステナビリティ基準委員会（Sustainability Standards Board of Japan：SSBJ）がISSBの基準を踏まえ、日本版の開示基準を策定中

ＩＳＳＢは既存の各種の民間基準を踏まえながら、サステナビリティ全般に関する開示基準（ＩＦＲＳ Ｓ１）と気候変動に関する開示基準（ＩＦＲＳ Ｓ２）の策定作業を進め、２０２３年６月に最終版を公表した。このうち、ＩＦＲＳ Ｓ２はＴＣＦＤの枠組みに立脚した内容となった。そして、翌７月には、ＩＯＳＣＯがこれらの基準を「是認」した。ニュアンスとしては、お墨付きに近い。ＩＯＳＣＯは加盟する１３０の国・地域に対し、それぞれの国・地域の制度でこれらの基準を採用するか、その基準内容を踏まえること

を求めた。

ＩＳＳＢ基準をどう反映するかは、各国・地域がそれぞれに判断することである。ただ、ＩＦＲＳ財団の国際会計基準が大多数の国で使用されている状況を踏まえれば、今後、ＩＳＳＢ基準を使用する国は増加していくものと予想される。

ところが、米国とＥＵは、ＩＳＳＢと同時並行で、それぞれの気候情報開示基準を策定しており、ＥＵはその独自基準を２０２３年７月に最終決定した。ＩＳＳＢ基準とＥＵ基準は、いずれもＴＣＦＤに立脚しており、共通点は多い。しかし、相違点も少なからず存在する。その主たる原因は、ＩＳＳＢが気候変動による企業財務への影響のみを問う「シングルマテリアリティ」の考え方を取っているのに対して、ＥＵは企業への影響だけではなく、企業による環境への影響も重視する「ダブルマテリアリティ」の考え方を取っていることである。その結果、非ＥＵ企業は、ＥＵでの報告が求められる場合に、同じ気候変動目的でありながら、本国とは異なる基準で報告しなければならず、追加的な負担が生じる。また、開示情報のユーザーにとっても、異なる基準に沿って開示された情報は比較しにくく、情報の利便性が下がるおそれがある。そのため、ＩＳＳＢとＥＵは、基準の相互運用性（interoperability）を高めることを目的に協議を重ねている。

日本では、財務会計基準機構の下に設置されたサステナビリティ基準委員会（ＳＳＢＪ）

がISSBの基準を踏まえ、2024年度中に日本版の開示基準を確定する。さらに、金融庁は、SSBJの基準をプライム上場企業の有価証券報告書での法定開示に取り込むかどうかを検討することになっている。もし法定開示に取り込まれれば、上場企業は報告の正確性が求められ、意図的な虚偽記載があった際には、厳しい罰則が科せられる可能性がある。そのため、開示情報の信頼性向上が期待される。

このように、TCFDの開示枠組みはISSBに継承されて国際標準となり、今後、各国での利用が進むものと見込まれる。TCFDはISSB基準の最終決定を踏まえ、2023年10月で活動を終了した。

金融当局の気候ストレステスト

カーニー総裁が金融当局の時間軸を延ばすもう一つの手段として挙げたのが「ストレステスト」である。金融におけるストレステストとは、金融市場に不測の事態が生じた場合に、個別の金融機関や金融システム全体にどのような影響が及ぶかを分析する手法である。発生確率は低いものの、発生した場合の影響が甚大なテールリスクへの対応を検討する際に有用とされる。カーニー総裁は気候変動をテールリスクと捉えており、ストレステストが有効と考えた。

一般的に、ストレステストを行うには、ストレスが発生する将来シナリオを想定しなければならない。気候変動の場合には、脱炭素化のための政策変更や技術革新という移行リスクと、気候の変化にともなう自然災害という物理的リスクの両方を捉える将来シナリオが必要となる。

シナリオデータ作成の役割を担ったのが、気候変動リスク等に係る金融当局ネットワーク（Network for Greening the Financial System：NGFS）である。NGFSは、2017年12月にフランス銀行など8カ国の有志の金融当局が立ち上げた組織である。その後、各国の金融当局が相次いで参加し、2023年6月時点で参加機関数は127にまで増えた。日本からは、日本銀行と金融庁が参加している。

NGFSの中心的な活動の一つが、金融当局向けの将来シナリオの開発である。NGFSは、ドイツ、オーストリア、米国の研究機関と協働し、2020年に金融当局向けのシナリオ群を公表した。その後、シナリオ群を毎年更新しており、執筆時点の最新版は2023年11月公表の第4版である。

第4版のシナリオ群は、①パリ協定の温度目標（2℃及び1・5℃）の実現に向かって、2020年代から排出削減政策を強化する「順調な移行（orderly transition）」、②2030年まで世界全体の排出量は減少せず、その後、2℃以内の実現に向けて急激に政策強度を高める「波乱含みの移行（disorderly transition）」、③現行のNDCや各国政策が強化されず、温度上昇が2℃を超える「温暖化進行（hot house world）」、④気候変動対策に熱心な国が一方的に政策を強化し、それ以外の国は現行の政策を継続した結果、温度上昇が2℃を超える「分断世界（fragmented world）」の4類型に分類される。それぞれのシナリオに対して、シミュレーションモデルを用いて、二酸化炭素排出量、エネルギー需給、エネルギー価格、炭素価格、GDP、政府支出、企業投資、可処分所得、失業率、インフレ率などが将来にわたって計算されている。

各国の金融当局は、NGFSのシナリオを用いて、移行リスクと物理的リスクが自国の金融に及ぼす影響の分析を進めている。ところが、FSBとNGFSが2022年11月に公表した各国当局へのサーベイ結果によれば、これまでのシナリオ分析は予備的なものに留まっており、分析結果を踏まえて具体的な対応を導くものとはなっていないという。そもそも、データの粒度が粗いために金融機関や企業のリスクを個別に評価することが困難であり、さらに、気候のシナリオを金融への影響に転換する際の方法論上の課題もあることが、その理由である。分析で得られた結果も「温暖化進行シナリオでは、物理的リスクが大きくなるために、経済への負の影響が大きくなる」「波乱含みの移行シナリオは、順調な移行シナリオよりも、GDPと金融への損失が大きくなる」といったように、シナリオの前提がそのまま帰結となっていることが多い。

しかし、興味深い分析結果もある。これまでの分析からは金融システム全体の安定を揺るがすほどの影響は見出されていないのだ。移行リスクによる負の影響は、化石燃料に関連する経済部門に集中的に現れ、物理的リスクによる負の影響は、気象災害に脆弱な場所に立地する資産に傾斜的に現れるものの、いまのところ、これらの負の影響が「時間軸の悲劇」に発展する予兆は見つかっていない。

ただし、ＦＳＢとＮＧＦＳは、分析の方法論上の限界により、金融システムへの影響が過小評価されている可能性があると指摘している。たとえば、これまでの多くの分析は、移行リスクと物理的リスクの一次的な影響のみを扱って、その影響が別のところで引き起こす二次的影響を考慮していない。また、影響が傾斜的に現れる部門の資産が突発的に投げ売られることによる金融の不安定化も検討していない。これらの点は、今後、方法論の改善を積み重ねるなかで、理解が深まっていくものと予想される。そのため、ＦＳＢとＮＧＦＳのサーベイに回答した金融当局の間では、「気候変動が金融システム全体へのリスクになりうると想定し、さらなる監視が必要」という点で意見の一致が見られた。

G20・金融安定理事会を軸とする体制

このように、カーニー演説を契機として、企業の気候情報開示のルールメイキングと、金融当局のストレステストの試行が進んだ。そのなかで国際協調の軸となっているのは、FSBである。情報開示については、FSBの提案で、民間主導のTCFDが創設され、その開示枠組みが定着すると、民間団体であるIFRS財団のISSBが開示基準を策定し、証券監督当局の連合体であるIOSCOがその基準にお墨付きを与えた。IOSCOもまた、FSBとの関係が深い。ストレステストについては、金融当局の有志の連合体であるNGFSが研究機関の力を借りながら、将来シナリオの整備を進め、各国の金融当局がそのシナリオに基づき、分析を試行している。NGFSもFSBと連携している。

この協調体制になっているのは、金融安定に関する国際協調全般が「国際経済協調の第一のフォーラム」であるG20を頂点としつつ、FSBを軸とする関連組織の連携のもとで進められていることによる。FSBは、IOSCOに加えて、バーゼル銀行監督委員会（BCBS）や保険監督者国際機構（IAIS）とも連携している（4―3）。これら3機関はFSBの傘下機関ではなく、メンバーシップも異なる。FSBには加わっていないが、3機関に加わる国も多い。しかし、FSBとこれらの機関の間では密接な連携が図られている。

FSBは「気候関連金融リスクへの対処に関するロードマップ」を公表し、「企業の情報

4－3　金融安定の国際ガバナンス構造

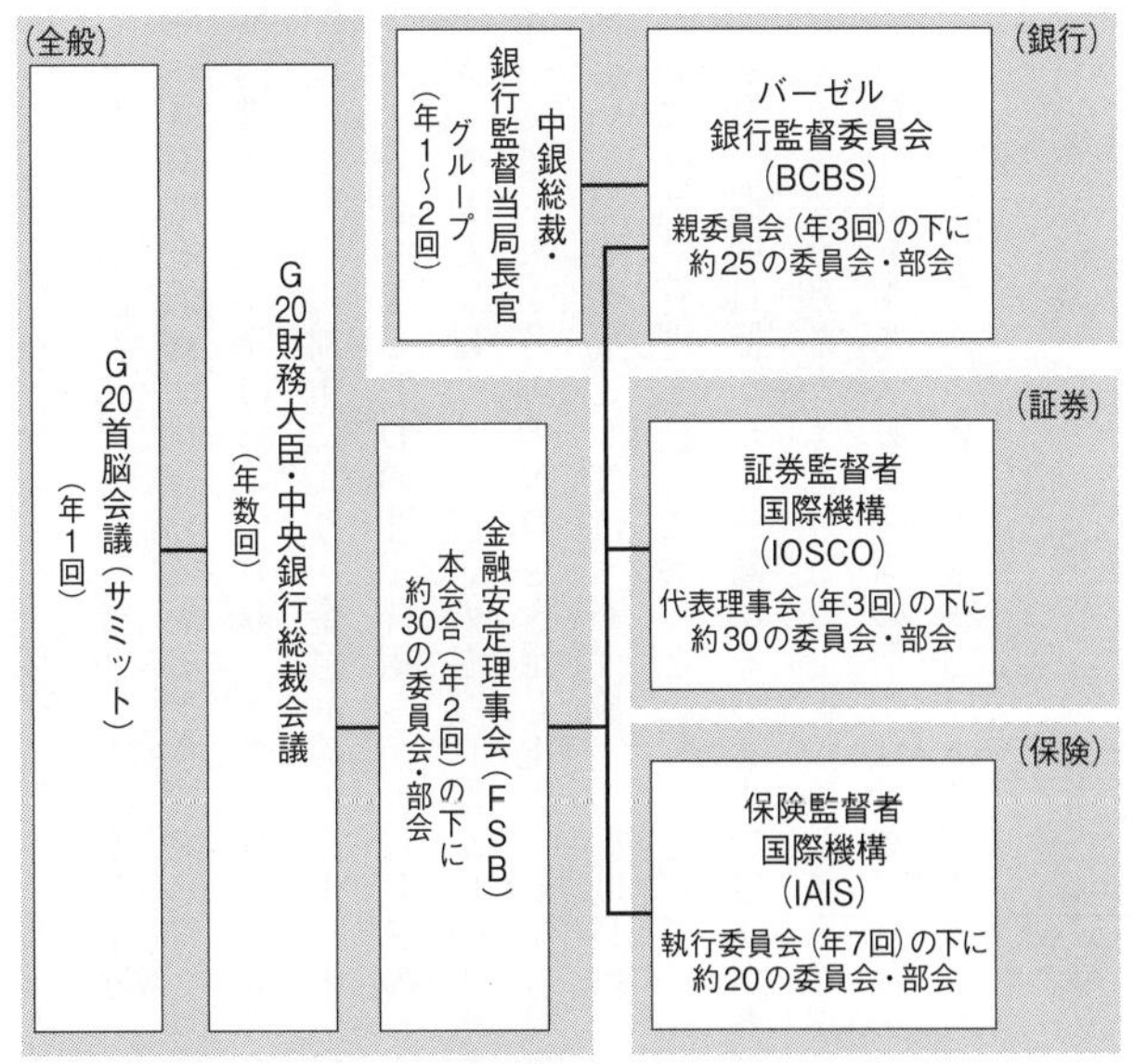

BCBS: Basel Committee on Banking Supervision
IOSCO: International Organization of Securities Commissions
IAIS: International Association of Insurance Supervisors

出典：金融庁「金融庁の1年（2021事務年度版）」（一部改変）

開示」「データ」「脆弱性分析」「規制と監督のプラクティスとツール」という4分野の取り組みを進めている。ISSBの開示規則策定は「企業の情報開示」の一部、NGFSの将来シナリオの整備は「脆弱性分析」の一部と位置づけられている。

　ロードマップには、BCBS、IOSCO、IAISの取り組みも位置づけられている。特にBCBSは、銀行の自己資本比率規制などの国際基準（所謂バーゼル規制）を扱う組織であり、ここでのルールメイキングは銀行業へのインパクトが大きい。BCBSは、気候変動による金融リスクがまだ十分には解明されていない状況を踏まえて、取るべき対応を慎重に見極めているようであるが、ロードマップには「規制措置の必要性」が検討課題として挙げられており、どのような方向性を打ち出すのか注目される。

問題はこれらの対策により、金融危機の発生を未然に防ぐことができるかどうかである。カーニー演説、TCFDの開示枠組み、NGFSのシナリオのいずれも、パリ協定のもとでの各国のNDCではなく、協定の温度目標からの乖離をリスクの源と認識している。第2章で述べたように、各国のNDCを足し上げても温度目標には届かず、このままではその達成は難しい。金融当局としては、パリ協定が温度目標を達成できない場合に備えて、金融安定のためにリスク管理を進めておくということだ。

しかし、温度目標からの乖離がそのまま金融リスクになるわけではない。温度目標を満たしてもリスクが残るかもしれないし、逸脱しても金融危機にまでは発展しないかもしれない。金融危機を誘発するメカニズムの解明は始まったばかりであり、この時点では、どちらにも予断すべきではない。各国の金融当局には、リスクの慎重な見極めが求められる。

2　金融機関のネットゼロ目標

投融資先を排出量ゼロに

２０２１年4月、イングランド銀行の総裁を退任したカーニー氏は、第1章で取り上げた米国バイデン大統領主催の気候首脳サミットに合わせて、「グラスゴー金融同盟」（ＧＦＡＮＺ）の創設を発表した。カーニー氏は総裁退任後、国連の気候特使を務めており、同年11月に英国のグラスゴーで開催されるＣＯＰ26に向けて、議長国である英国と連携しつつ、ＧＦＡＮＺを立ち上げた。

ＧＦＡＮＺの目的は、２０５０年ネットゼロ排出にコミットする金融機関を増やし、その実現に向けた課題に対応することである。ここで金融機関とは、銀行や保険会社だけではなく、年金基金などのアセットオーナーや、アセットオーナーなどから資産運用を委託されているアセットマネージャーを含む、金融業界のプレーヤーの総体を表す。

金融機関のネットゼロ排出とは、各機関の運営から生じる排出量、たとえばオフィスで使用する電気に付随する排出量をネットゼロにするだけではなく、「投融資排出量」（financed emissions）もネットゼロとすることを指す。投融資排出量とは、投融資先の各企業の排出量を、持分比率や融資残高比率に応じて各金融機関に按分したうえで、その排出量を金融機関ごとに積算して計算される間接的な排出量である。当然のことながら、オフィスの排出量などよりもはるかに大きく、金融機関の脱炭素化は、実質的には投融資排出量をネットゼロにすることを意味する。

投融資排出量は、金融機関が自ら排出するものではないことから、これを削減するには、①投融資先の企業に排出量を減らすように求めるか、②排出量の大きい企業から小さい企業へ投融資を付け替えるしかない。しかし、②の方法の場合、手放す投融資をネットゼロ排出にコミットしない他の金融機関が引き受けてしまえば、見かけ上、自らの投融資排出量は減少するものの、実際の企業の排出量は減らない。したがって、①の方法が基本線となり、GFANZに加わる金融機関には、投融資先企業に対して、脱炭素を実現するように継続的に働きかけ、時には資金供給の面でも支援することが求められる。

国連による金融機関の動員

GFANZの構造面での特徴は、金融の各セクターの個別連合体を通じて、金融の脱炭素化を目指していることである。個別連合体は、①ネットゼロアセットオーナー同盟（NZAOA)、②ネットゼロアセットマネージャーイニシアティブ（NZAM)、③ネットゼロ銀行

4－4　GFANZとその連合体

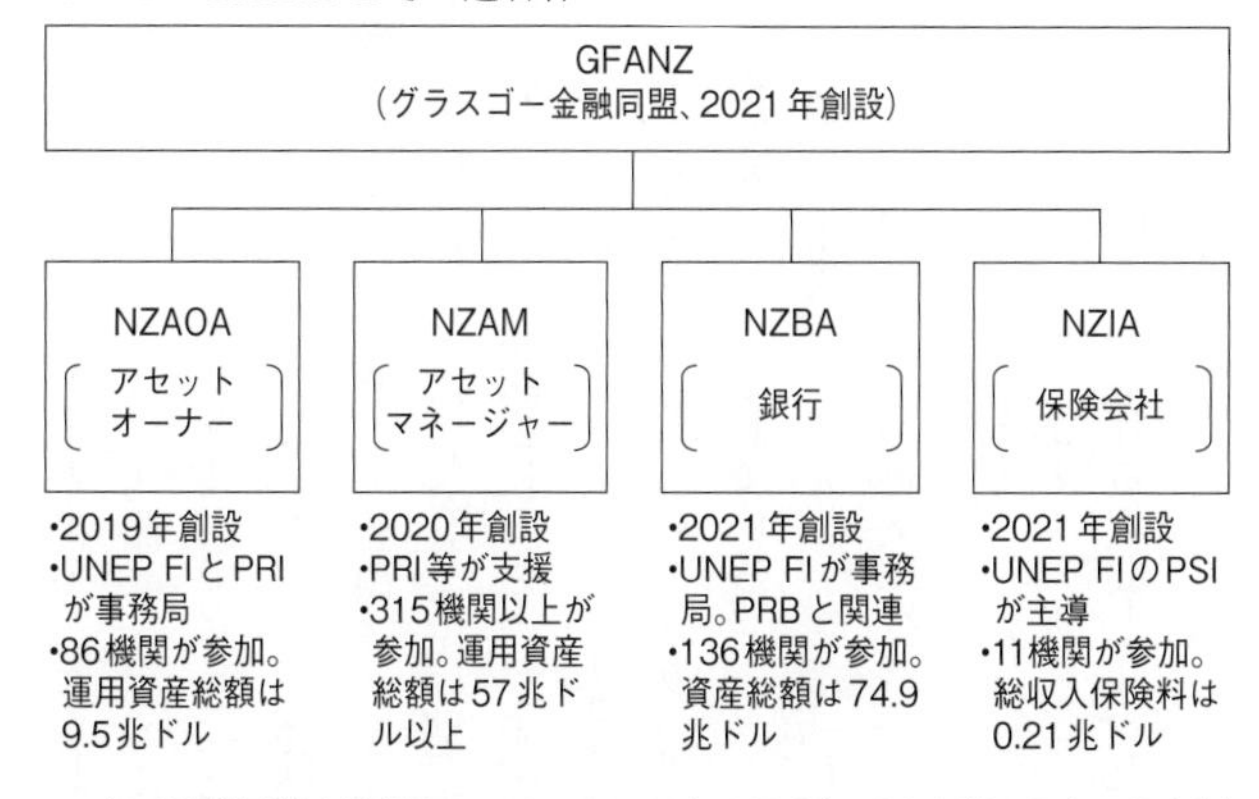

（※参加機関数と総額はNZAOAは2023年5月時点、それ以外は同年9月時点）

（略称一覧）
GFANZ: Glasgow Financial Alliance for Net Zero
NZAOA: Net-Zero Asset Owner Alliance
NZAM: Net Zero Asset Manager Initiative
NZBA: Net-Zero Banking Alliance
NZIA: Net-Zero Insurance Alliance
UNEP FI: United Nations Environment Programme Finance Initiative
PRI: Principles for Responsible Investments
PRB: Principles for Responsible Banking
PSI: Principles for Sustainable Insurance

同盟（NZBA）、④ネットゼロ保険同盟（NZIA）などである（4―4）。2023年9月末の時点で、GFANZには、各連合体を通じて、50の国や地域から650以上の機関が加わっている。

実は、GFANZや個別の連合体には、各国の政府は関与していない。国際的なイニシアティブが各国の政府を介さずに、金融機関を直接的に動員している。

この背景には、国際連合が30年以上にわたって、環境問題を巡って、金融機関との連携を構築してきた歴史がある。その契機となったのは、1992年にブラジルで開催された地球サミットだ。この開催に先立って、国連環境計画（UNEP）と有志の民間銀行が「銀行イニシアティブ」を共同で立ち上げ、環境の要素を金融に組み込むための取り組みを推進した。その後、UNEPと有志の保険会社のイニシアティブも始まり、2003年には両者を統合して、「UNEP金融イニシアティブ」（UNEP FI）が立ち上がった。UNEP FIは、形式上はUNEP内部の組織である。しかし、そのメンバーは国連の加盟国ではない。銀行や保険会社といった金融機関が加盟し、メンバーの年次総会が最高意思決定機関となっている。UNEP FIが公表している最新の統計によると、85カ国以上から450以上の金融機関が参加しており、世界全体の銀行資産の45％程度及び世界全体の保険料の25％程度がカバーされている。

2010年代から拡大してきた「ESG投資」も、国連主導の流れと関連している。ESG投資とは、投資家が企業に投資する際に、短期的な利益のみを追求するのではなく、環境面（E）、社会面（S）、ガバナンス（G）を総合的に考慮することで、長期的な利益を確保しようとするものである。

ESGが広く知られる契機となったのが、国連のコフィー・アナン事務総長の構想のもとで2006年に立ち上げられた「責任投資原則」（PRI）という団体である。PRIはE

ＳＧ投資に関する六つの原則を提示し、これらにコミットした機関投資家（アセットオーナーやアセットマネージャー）が署名機関として参加している。国連の支援を受けるものの、ＵＮＥＰ ＦＩとは異なり、国連内部の組織ではなく、主に署名機関が支払う会費で運営されている。ＰＲＩに参加する機関投資家は毎年増加しており、２０２１年時点で、参加団体の運用資産は合計で１２０兆ドルを超えた。ＥＳＧはＰＲＩを通じて広がったといっても過言ではない。日本では、２０１５年９月に、年金積立金管理運用独立行政法人（ＧＰＩＦ）が署名機関となった際に大きな話題となった。ＧＰＩＦは国民年金や厚生年金の積立金を運用しており、世界最大級の機関投資家である。さらに、ＵＮＥＰ ＦＩは、ＰＲＩとは別に、２０１２年に保険業界を対象とする「持続可能な保険原則」（ＰＳＩ）を、２０１９年に銀行版のＰＲＩといえる「責任銀行原則」（ＰＲＢ）を立ち上げた。

そして、ＧＦＡＮＺの各連合体の創設・運営には、ＵＮＥＰ ＦＩ、ＰＲＩ、ＰＲＢ、ＰＳＩが深く関与している（４―４）。そのうえで、各連合体の意思決定は、これらの国連の関連団体だけではなく、各連合体の加盟機関の一部が加わる運営グループで行われており、金融業界の意向も反映されるようになっている。日本の金融機関も、ＮＺＡＯＡ、ＮＺＡＭ、ＮＺＢＡの運営グループに加わっている。

ＧＦＡＮＺはこれらの連合体を束ねる位置づけの団体である。ただし、各連合体は独立した意思決定主体であって、GFANZから意思決定や運営を指示されるものではない。GFANZ本体の主な役割は、ガイダンスやデータベースを取りまとめて金融機関の投融資排出量の削減を側面支援することや、アジアやアフリカの脱炭素化に対する資金動員を加速させることなどである。ガバナンス面では、カーニー氏とブルームバーグ氏が国連特使の肩書で共同議長を務め、国連事務総長に活動を報告する形を取りつつ、参加機関の一部（日本の生命保険会社を含む）、UNFCCC事務局長、NGFS議長らからなるプリンシパルグループで全体方針と優先事項を設定する。

このように、金融機関の脱炭素化の取り組みは、国連が関係する多数のイニシアティブが金融機関を直接的に動員する形で進められており、各国政府は介在していない。1992年の地球サミット以来、国連と金融機関は、UNEP FIを軸に共同での取り組みを継続し、その延長線上でGFANZが成立した。国連が様々な主体を集める機能は、時に「コンビーニング・パワー」（convening power）と呼ばれる。あえて日本語をあてると、「主催力」や「招集力」といった意味合いであり、実際、NZAOAとNZBAは自らの特徴を「国連招集」（UN-convened）と表現している。アルファベットの略称で表される連合体を大量に生み出しながら、いわば国家抜きでのグローバルなガバナンスが立ち上がっているのだ。

目標設定と進捗追跡

　各連合体に加盟する金融機関は、投融資排出量を2050年までにネットゼロとすることにコミットしたうえで、中間段階の目標設定も求められる。中間目標は、パリ協定の温度目標のうち「1・5℃以内」と整合的なものとされており、金融機関は、所属する連合体が定める手順書に従って中間目標を定める。最初の目標年は、NZAOAは2025年、それ以外は2030年であり、以後、5年刻みで順次、目標を立てる。

　各連合体の手順書は、研究機関による1・5℃シナリオ分析やそれに依拠した目標設定の方法論を用いて、中間目標を定めるように求めている。さらに、NZAOA、NZAM、NZBAは、目標設定の際に参照したシナリオや方法論の情報開示も要求している。目標は金融機関が自らの判断で決定するものである一方、その決定に強い説明責任を課すことで、投融資排出量の目標が1・5℃目標と整合的となるように誘導しているのだ。

　また、GFANZの各連合体は、参加機関に対して、目標達成に向けた進捗度を毎年報告し、一般に開示するように求めている。各国政府を巻き込まない自主的なイニシアティブであることから、各連合体は金融機関に対して、目標達成を義務付けることはできない。それでも、目標達成に向けた進捗を毎年報告させることで透明性を高め、さらに一般への開示も求めることで、社会からのプレッシャーに晒されるようにしている。

金融機関が1・5℃目標を受け入れる動機

ここで大きな疑問が生じる。なぜ、金融機関は1・5℃目標を掲げるGFANZの連合体に率先して加わるのだろうか。

第2章で触れたように、各国のNDCを積み上げても、1・5℃目標には全く届かない。1・5℃と整合的に投融資排出量を減らすには、各国政府のNDCを大幅に超える水準の取り組みが必要になる。しかも、金融機関自身は直接の排出者ではないにもかかわらず、踏み込んだ目標を設定して、投融資先の企業に排出削減を求めなければならない難しさもある。金融当局から参加を要請されているわけでもない。それでも参加するのはなぜか。

既に述べたように、GFANZ以前にも、UNEP FI、PRI、PRBといった連合体が先行して存在していた。サステナブルファイナンスの研究者であるエラスムス・ロッテルダム大学のシューメイカー氏らは、金融機関がこうした連合体に加わる根源的な動機は「長期的な価値創造」であると指摘する。短期的な利益最大化だけを追求していると、中長期的に立ち現れる社会・環境面へのリスクに対応できず、長期的な利益が損なわれるおそれがある。けれども、ここで先回りして対応すれば、長期安定的に価値を創造できる。こうした信念が、連合体を自発的に形成する原動力になっているという。

もちろん、組織の意思決定は、組織ごとに異なるものであり、参加の動機は必ずしも一様ではない。シューメイカー氏らは、長期的な価値創造以外の補完的な理由として、同調効果（競合相手が参加したことで参加）、外部圧力（消費者や非政府組織からの圧力で参加）、レピュテーションの向上（社会的な評価を高めるために参加）などを挙げている。また、連合体を大きくすることで、政府への「集団的アドボカシー」や投融資先企業への「集団的エンゲージメント」の効果を高める狙いもあるという。

しかし、GFANZは、それ以前の連合体よりも、参加機関に求められる取り組みの強度が高い。参加にはより強い動機が求められよう。そのためか、GFANZの連合体への参加数は、従来の連合体よりも少なくなっている。たとえば、NZAOAに参加するアセットオーナーは86機関に留まる一方、PRIには609のアセットオーナーが参加している。アセットマネージャーや銀行の連合体についても同様の傾向がある。ただし、資産総額でみると、GFANZの連合体と従来の連合体の差は縮まる（4―5）。つまり、規模の大きい金融機関は、従来の連合体に加えて、GFANZの連合体にも参加する傾向があるということだ。

では、強度が強いGFANZの連合体にあえて参加する理由は何であろうか。考えられる理由の一つは、第2章で取り上げたように、2019年頃から、1・5℃目標を念頭に2050年ネットゼロ排出を掲げる国が増加し、その数が120カ国を超えたことである。この

4－5　GFANZの連合体と従来の連合体への参加数と資産総額

	GFANZの連合体	従来の連合体
アセットオーナー	NZAOA　参加数86 運用資産総額9.5兆ドル ※2023年5月時点	PRI　参加数609 運用資産総額29.2兆ドル ※2021年末時点
アセットマネージャー	NZAM　参加数315 運用資産総額57兆ドル以上 ※2023年9月時点	PRI　参加数3000以上 運用資産総額90兆ドル以上 ※2021年末時点
銀行	NZBA　参加数136 資産総額74.9兆ドル ※2023年9月時点	PRB　参加数325 資産総額89.4兆ドル ※2023年11月時点

出典：GFANZ 2023 Progress Report及び各連合体が公表している数字に基づき、著者作成

点では、各国政府とGFANZの足並みは揃っており、金融機関はGFANZの連合体に参加しやすくなった。裏を返すと、参加しなければ、2050年ネットゼロ排出に背を向けていると社会から捉えられかねないレピュテーションリスクもあったのだろう。規模の大きい金融機関はレピュテーションリスクに晒されやすく、実際、その参加率が高くなっている。他方、ネットゼロの実現時期を2050年ではなく、2060年とする中国とロシア、2070年とするインドでは、金融機関のGFANZへの参加がほとんどない。

加えて、先進各国がNDCを、2050年ネットゼロ排出と整合的となるように設定していることも、先進国を本拠地とする金融機関の参加を後押しした。というのも、2050年ネットゼロ排出と1・5℃目標は概ね整合的なので、投融資排出量の目標を、1・5℃目標に沿って設定しても、本国のNDCとの乖離は小さい範囲に

収まるためだ。

しかし、金融機関の投融資先は本国だけではなく、途上国を含む世界全体に広がる。海外の投融資先となる国のＮＤＣは、１・５℃目標と整合しているとは限らず、そうした国への投融資が増えるほど、投融資排出量の目標達成は難しくなる。さらに、本国のＮＤＣも達成が確実なわけではない。むしろ、達成が容易ではない国が多く、ＮＤＣの達成から遠ざかる分だけ、投融資排出量も上振れしてしまう。

ただ、ＧＦＡＮＺの各連合体は、各国政府の政策についての留保を付して、金融機関の懸念を和らげた。「各国政府がパリ協定の目標の達成を確実なものとするべく、その約束を最後までやり抜くと想定する」と明示的に掲げたのだ。パリ協定の目標とは、温度目標を指すと考えられ、各国政府が温度目標と整合的となるようにＮＤＣを強化し、その達成を政策で担保しないのであれば、投融資排出量の目標達成は難しくなると、遠回しに示唆しているのである。金融機関が政府の政策を超えて独走し続けることは現実には難しく、当然の留保と言える。

化石燃料企業への投融資をどうするか

金融機関が独走し続けることの難しさは、既に様々な場面で露呈している。一部の機関投資家が化石燃料企業への投資について、排出削減の促進と企業の業績向上のバランスに苦慮していることもその一例である。

2022年にロシアがウクライナに侵略して原油価格が急騰すると、欧米の石油メジャーの収益が大幅に改善し、各社は石油・天然ガスの増産計画を相次いで打ち出した。これに対して、オランダの環境団体が2023年に、石油メジャー4社に株主提案として、自社の操業にともなう排出量だけではなく、石油・天然ガスが販売先で燃焼した時に発生する排出量（「スコープ3」排出量という）にも、パリ協定の温度目標（2℃及び1・5℃）と整合する削減目標を立てることを求めた。

これらの提案は、欧州の石油メジャーでは2割程度、米国の石油メジャーでは1割程度の賛成率となり、一定の支持を集めたものの、5割を切っているので、いずれも否決となった。この際、NZAMに加盟する最大手の資産運用会社は反対票を投じた。その理由として挙げられたのは、スコープ3排出量目標の設定方法が開発途上にあることと、長期的な事業戦略を過度に制約しかねないことであった。

スコープ3排出量の削減を強要すれば、石油メジャーは化石燃料の販売量を減らさなければならず、その結果として業績が悪化し、投融資が毀損する。運用規模が大きい金融機関ほど、この影響が大きいため、慎重にならざるをえない。とはいえ、手を打たなければ、増産によって、投融資排出量は増える一方となってしまう。長期的に脱炭素事業に転換し、化石燃料事業を減らせれば、スコープ3排出量も減っていくが、金融機関がそれをどのように誘導できるのか。試行錯誤が続いている。

米共和党の反ESGの衝撃

2023年5月、GFANZに衝撃が走った。米国の23州の司法長官が、NZIAに加盟する保険会社に対して、NZIAの目標設定の方法論が連邦の競争法や州の保険規制に違反している可能性があると警告したのだ。これを皮切りに、NZIAからの脱退が相次ぎ、参加機関数が半分未満となった。米国の保険会社はもともとNZIAに参加しておらず、脱退したのは、米国でビジネスを展開している外国企業だった。このなかには、日本の3メガ損保も含まれる。脱退した保険会社の多くは、2050年ネットゼロ排出の実現に向けた取り組みを継続するとしており、脱炭素の方針を放棄していない。問題となったのは、連合体で横の連携を深めることであった。

NZIAは、投融資ではなく、保険引受に対する排出量目標の設定を要求している。引受先の企業の排出量を保険会社に紐づけて、それを減らすことを求めているのだ。そして、NZIAに加盟する保険会社がこの目標を達成しようとすると、排出量が大きい事業に対する保険を一斉に絞り込むおそれがある。そうなると、企業は代わりとなる保険会社を見つけられず、事業が立ち行かなくなるかもしれない。とりわけ、再保険市場は少数の会社による寡占となっており、この懸念が強い。州の司法長官は、この点が不当な取引制限になりうるとして問題視したのだ。

保険会社に警告した23州の司法長官は、いずれも共和党に所属している。バイデン政権が発足した2021年以降、共和党では「反ESG」の動きが急激に広まった。ESG投資は、特定の政治的イデオロギーを推進する運動であって、経済的な利益を損なっていると主張し、共和党が強い州では、包括的な反ESGの州法（フロリダ州）や、ESGを推進する金融機関との取引を制限する州法（テキサス州など）が相次いで成立した。

共和党系の州の司法長官は、保険会社への警告以前から、アセットマネージャーや銀行に対して、GFANZ参加に関する警告を行っており、2022年9月には、一部の米国の銀行がGFANZからの脱退を示唆したと報道された。GFANZの参加要件が同年6月に強化され、化石燃料への投融資制限が求められたのに対し、米銀は不当な取引制限として訴えられると反発したのだ。その後、投融資制限は緩和され、執筆時点で、米銀の脱退は起きていない。

また、米国のアセットマネージャー大手のヴァンガード社は、2022年12月に、投資家に重要事項を独自に伝えるために、NZAMから脱退すると表明した。同社は州の司法長官の直接の標的になったわけではなく、反ESGが脱退決定の契機であったのかは分からない。ただ、「独自」(independently)との言葉遣いからは、NZAMでの横の連携への懸念があったことが窺（うかが）える。

脱炭素の企業間連携と競争法

GFANZの付加価値は、金融機関が各国のNDCを超える水準で、投融資や保険引受の排出量目標を立てるところにある。各国のNDCが達成されるとすれば、金融機関の排出量も自動的に同じ水準まで減るので、その水準を超える部分が追加的な価値となるためだ。しかし、同業の金融機関の間で、政府が求める水準を超えて連携しようとすると、不当な取引制限などの競争法上の懸念が生じる。米国共和党の反ESG運動はここを突いた。

GFANZの取り組みが、各国の競争法に抵触するかどうかは評価が難しい。競争当局や裁判所が抵触しないと判断する可能性も十分にある。ただ、抵触するおそれがあるだけで、委縮効果が働く。今のところ、NZIA以外の連合体では、脱退の連鎖は起きていないとはいえ、米銀が一時脱退を示唆したと報じられるなど、不安定さは残る。

同様の課題は、金融機関だけではなく、一般企業の間の自主的連携にも当てはまり、欧州や日本で競争法との関係をどう整理するかが論点となっている。

日本では、公正取引委員会が2023年3月に「グリーン社会の実現に向けた事業者等の活動に関する独占禁止法上の考え方」を公表し、脱炭素化に向けた企業間連携について、想定される連携の類型を多数例示しながら、独占禁止法上、問題になるものとならないものを仕分けた。その後、政府は同年6月の新しい資本主義実行計画で、「GXを実行するためには、複数社での連携が重要であることから、（中略）独占禁止法に関する課題について、事業者等の取組を後押しする対応を検討する」とし、脱炭素化の推進のためにはさらなる対応が必要との認識を示した。これに対し、公正取引委員会は、2024年4月に前年の文書を改定し、共同の設備廃棄や共同調達などの競争を制限するおそれのある行為のうち、独占禁止法上、問題とならないケースを明示した。

一般企業や金融機関の自主的な連携は、脱炭素化の推進力として期待されている。GFANZが競争法上の懸念を乗り越えて、金融機関間の連携を継続できるのか、あるいはNZIAがそうなったように他の連合体でも脱退ドミノ倒しが起こるのかは、脱炭素化に向けた自主的な連携の行方を占う重要な試金石となろう。

３　ＥＵタクソノミーの国際的な波及

ＥＵが定める「グリーン」の基準

金融と気候変動を結びつけるうえで、大きなインパクトがあったのが、「ＥＵタクソノミー」である。タクソノミーは分類基準を意味する言葉であり、ＥＵはサステナブルファイナンスに関する戦略の一環として、「環境的に持続可能な経済活動」の分類基準であるＥＵタクソノミーを策定した。いわば、グリーンな経済活動と、そうではない活動を仕分ける判断基準である。何を「グリーン」とみなすかは、世界的な脱炭素化の動きのなかで、どの国にとっても、戦略的な課題である。そのため、ＥＵタクソノミーに、他国は敏感に反応し、国際的な波及影響が生じている。その態様を見ていく前に、まず、ＥＵタクソノミーとは何かを概観する。

ＥＵタクソノミーは、気候変動の緩和、気候変動への適応、水・海洋資源、循環経済、汚染の予防・管理、生物多様性という6分野を扱っており、気候変動に関する2分野の基準は２０２１年末、それ以外の基準は２０２３年末に発効した。このうち、脱炭素化に関係するのは気候変動の緩和である。

EUタクソノミーの狙いの一つは、「グリーンウォッシュ」の防止である。グリーンウォッシュとは、グリーンかどうか疑わしい活動を「グリーン」と称することを指す。金融の分野では、投資信託などの金融商品の名称に「グリーン」やそれに類する言葉を用いることがある。その際、グリーンかどうか疑わしい活動に資金が投じられるおそれがあると、投資家はその商品を購入しにくい。そこで、タクソノミーの出番である。2023年以降、EUの金融機関は「グリーン」などを冠する金融商品を販売する際に、集めた資金の何割がEUタクソノミーに適合した活動に投じられるのかを開示しなければならなくなった。

これとは別に、一般企業がグリーンな活動への投資資金を調達するために、「グリーンボンド」と呼ばれる社債を発行することが近年、ブームとなっている。この債券も「グリーン」を冠していることから、グリーンウォッシュの懸念を持たれることがあり、最近、EUの市場では、グリーンボンドの発行企業が、調達資金の使い道をEUタクソノミーを用いて正当化するケースが徐々に増えている。

EUタクソノミーは、情報開示にも活用されており、EU域内の一般企業や金融機関は、自社の経済活動のうち、6分野の分類基準のいずれかを満たすものの比率を開示することが義務付けられている。具体的には、一般企業であれば、売上や費用に占める比率、金融機関であれば、投融資や保険料等収入に占める比率である。EU域内に本拠地を置く企業だけではなく、外国企業のEU子会社にも、この義務は課せられている。ここで注意すべきは、分類基準を満たさない活動は、環境に悪い活動とは限らず、環境への影響がそもそも問題にならない活動も含まれていることである。たとえば、開示された比率が10%であったときに、その企業の活動の90%が環境に悪いというわけではない。今のところ、EUタクソノミーは、環境に悪い活動の分類基準を定めていない。

他国に伝播するタクソノミー

EUがタクソノミーの検討を開始したのは2018年頃であり、タクソノミーの枠組みを定める立法が成立したのは、2020年7月だった。その後、6分野の分類基準がこの立法のもとで、2021年及び2023年に策定された。

EUでタクソノミー制定の動きが始まると、多くの国が2020年頃から、EUの分類基準の完成を待たずに、タクソノミーの策定を開始した。執筆時点で策定済みなのは、中国、韓国、ASEAN、シンガポール、インドネシア、マレーシア、バングラデシュ、スリランカ、ロシア、南アフリカ、コロンビアなどで、途上国が多い。また、検討中の国は、カナダ、オーストラリア、ブラジル、インドなどである。日本では、タクソノミーの形態をとってはいないものの、環境省がグリーンなプロジェクトの類型を例示する「グリーンリスト」を、経済産業省が後述する移行金融向けの「分野別の技術ロードマップ」を策定済みである。他方、米国では、タクソノミーは検討されていない。何をグリーンとするかは、市場が判断するものとの考えが根強いためと思われる。

これらの国々のタクソノミーは、EUタクソノミーをそのまま引き写すのではなく、それぞれの国の個別事情を反映した判断基準を多く盛り込んでいる。たとえば、ASEANは、炭素排出が大きい石炭火力に依存する国々を抱えていることから、石炭火力を即時廃止するのではなく、2040年までに段階的に廃止する活動をタクソノミーに位置づけた。他方、EUタクソノミーは、2020年7月に成立した枠組み立法のなかで、石炭を完全に除外している。

もちろん、EUタクソノミーの影響がないわけではなく、タクソノミーの構成要素などの大枠については、大半の国々が多かれ少なかれ、EUを参考にしている。たとえば、南アフリカは、EUタクソノミーを検討の基礎として用いたと明言しており、EUタクソノミーを出発点とし、そこに南アフリカの事情を反映する形でタクソノミーを仕上げている。その結果として、EUの判断基準をそのまま引き写している箇所が50以上ある。ASEANも、EUタクソノミーとの相互運用性の確保を目指すとしており、そのタクソノミーの構成や内容を詳しく見ると、EUタクソノミーの影響を随所に見て取れる。また、EUが2022年8

月に、原子力発電を気候変動緩和の判断基準のなかに、様々な要件を課したうえで追加したのを受けて、韓国も同年9月に発表したタクソノミー改定案で、EUよりも緩い要件のもとで原子力発電を追加するとの方針を示した。さらに、EUタクソノミーは、パリ協定の長期目標と整合的な活動を「グリーン」と分類しており、同様の方針は、ASEANや南アフリカのタクソノミーでも採用されている。

このように、EUタクソノミーは、他国によるタクソノミーの策定を誘発した。さらに、タクソノミーの構成や内容についても、国家間で濃淡の差はあれども、EUタクソノミーの影響があった。

ブリュッセル効果

EUの規制がグローバルに展開される事象は、「ブリュッセル効果」と呼ばれることがある。この現象を研究してきたコロンビア大学のアニュ・ブラッドフォード氏によると、ブリュッセル効果には、①EUに進出する多国籍企業がEUの外側でもEUの規制に対応したビジネスを展開した結果、それがデファクト化して、他国の規制が有名無実化する現象（「事実上のブリュッセル効果」）、②EUで事業展開する多国籍企業が本国において、EUに類似した規制の導入を要求し、実際に導入される現象（「狭義の規範上のブリュッセル効果」）、③

多国籍企業の影響によるものも、そうではないものも含め、EUの規制が何らかのメカニズムを通じて、他国に波及する現象（「広義の規範上のブリュッセル効果」）といった類型がある。タクソノミーがEUを越えて、他の国々でも実際に導入されているのは、③に該当する。なぜなら、まず、これらの国々のタクソノミーは有名無実化していないことから、①ではない。また、EUの判断基準が確定する前から、タクソノミーの検討に着手しており、多国籍企業が本国に対してEUと同型の規制を求めるメカニズムが作用するにはタイミングが早すぎることから、②でもない。そのため、残りの③となる。

なぜ、各国は、多国籍企業の影響とは関係なく、タクソノミーを導入したのだろうか。各国の文書でよく言及されているのは、世界的に拡大するグリーンな投資を自国に引き寄せることである。既に述べたように、グリーンな投資には、グリーンウォッシュのリスクがつきまとう。そこで、タクソノミーを策定して、何がグリーンと見なされるのかを明確にすることで、投資家の懸念を払拭しようとの動機である。

投資家の懸念を払拭して投資を呼び込むためには、国際的な認知度が高いEUタクソノミーをそのまま引き写すことが効率的かつ効果的であり、とりわけ、金融市場が未発達な途上国にはこの点が当てはまる。実際、各国のタクソノミーには、国家間で濃淡の差はあれども、EUタクソノミーと類似している部分がある。ただ、それぞれの国の事情を反映している箇所も多い。その意味で、ブリュッセル効果は作用しているものの、その影響度は限定的と言える。

ブリュッセル効果が部分的なものに留まり、各国の固有性が目立つのには、いくつかの理由が考えられる。

一つには、EUタクソノミーをそのまま使用することがそもそも困難であることだ。EUタクソノミーは、幅広い業種の活動を対象とする包括的なものであり、グリーンと見なされるための要件も厳しく、また、EU内部の様々な規則をそのまま反映している部分が多い。したがって、EUタクソノミーを引き写そうとしても、南アフリカがそうであったように、どうしてもカスタマイズが必要となる。ただ、その場合でも、EUに合わせることの価値は残るので、双方のタクソノミーの相互運用性を高める取り組みも、同時に続けることになる。

もう一つは、EUの影響が及ぶ前に、自国の制度を整備し、防波堤にしようとの動機である。世界的な脱炭素化の動きのなかで、グリーンの定義は戦略的な課題であり、EUの定義をそのまま受け入れるわけにはいかない。しかし、何もしなければ、すぐにブリュッセル効果が及んでしまう。その前に先手を打っておこうということである。

中国との連携

他方、早々にEUと連携する国が現れた。中国である。中国は、2015年にグリーンボンド向けのタクソノミーである「グリーンボンド適格プロジェクトカタログ」を策定済みであり、その後、EUタクソノミーと同時期に改定作業を進めて、2021年4月に更新版のカタログを発表した。

EUと中国は、2020年7月に、それぞれのタクソノミーの制定または改定を待たずに、両者のタクソノミーを突き合わせて、共通項を括り出す作業を開始した。その舞台となったのが、EUが2019年に有志国とともに立ち上げた「サステナブルファイナンスの国際プラットフォーム」(International Platform on Sustainable Finance：IPSF)である。この有志国連合の下に、EUと中国を共同議長とする作業部会を設置して、気候変動の緩和に関する両国のタクソノミーの比較検討を進めた。

そして、2021年11月、EUと中国が主導する作業部会は、「共通項タクソノミー」(Common Ground Taxonomy)の第1版を公表し、翌2022年6月には、第1版へのフィードバックを踏まえた第2版を発表した。その内容は、両国のタクソノミーで取り上げられている72件の経済活動に対して、気候変動の緩和に貢献するとみなすための判断基準を示すものだった。

興味深いのは、判断基準の決め方である。EUと中国で判断基準の厳しさが異なっている場合、より厳しい方を採用したのだ。72件のうち43件で基準の厳しさが異なっており、そのうちの30件でEUの基準が採用された。具体的には、製鉄、基礎化学品の製造、蓄電池の製造、水素生産、水力発電などである。他方、残りの13件では、中国の基準が採用された。太陽光発電、太陽光パネルの製造、風力タービンの製造、水力発電機の製造などである。件数だけを見ると、EUが押し込んでいるように見える一方、中国は戦略的な輸出品である再生可能エネルギーの機器製造を押さえている。

厳しい方の判断基準をつなぎ合わせているため、共通項タクソノミーは両国のタクソノミーよりも厳格かというと、必ずしもそうではない。EUタクソノミーには、六つの環境目的のどれかに貢献するだけではなく、「別の五つの環境目的を著しく害さない」（Do No Significant Harm：DNSH）との要件があり、それを担保するための判断基準も細かく規定されている。他方、中国のグリーンボンド適格プロジェクトカタログには、DNSHの概念はあるものの、具体的な判断基準はない。その結果、共通項を括り出す過程で、DNSHは捨象されており、この点については、共通項タクソノミーは、EUタクソノミーよりも緩いものとなっている。

部分的収斂と断片化の同時進行

共通項タクソノミーの策定後、それを積極的に活用しているのは、IPSFを立ち上げたEUではなく、中国の方だった。中国の中央銀行である中国人民銀行は共通項タクソノミーの使用を推奨し、中国企業は、共通項タクソノミーに適合したグリーンボンドを相次いで発行している。さらに、中国金融学会のグリーンファイナンス委員会が、グリーンボンドを過去に遡って審査し、193件の債券が共通項タクソノミーに適合していると発表した。中国独自のタクソノミーだけではなく、EUと共同で作成したタクソノミーにも適合していると示すことで、海外の投資家に訴求しやすくなる効果を狙ったものと思われる。また、香港の当局が共通項タクソノミーに基づいて、香港市場向けのタクソノミーを策定中である。

共通項タクソノミーは、両国のタクソノミーを統合して上書きするものではなく、あくまで比較分析の結果を示したテクニカルな文書に過ぎない。そもそも、この作業を開始した背景には、各国がそれぞれにタクソノミーを策定した結果、その内容がばらついてしまい、各国の基準に対応する手間だけが増えて、グリーンな投資がむしろ阻害されてしまうとの問題意識があった。比較分析は、それを少しでも和らげることを目的としたものであり、特に後発国が共通項タクソノミーに立脚して、自国のタクソノミーを作るようになれば、ばらつきを抑えることができると期待されていた。

興味深いのは、タクソノミー後発国のなかに、期待通りに、共通項タクソノミーを参照する国が出てきたことである。たとえば、スリランカは、2022年5月にタクソノミーを公表しており、その判断基準をみると、前年に発表された共通項タクソノミーの第1版を援用している箇所が多数ある。そのなかには、EUタクソノミーに準拠しているものもあれば、中国のグリーンボンド適格プロジェクトカタログに準拠しているものもある。つまり、中国のタクソノミーが、共通項タクソノミーを介して、間接的に他国に影響を及ぼし始めているのである。

ただし、後発国が参照するのは、共通項タクソノミーだけではない。EUタクソノミーを参照することもある。既に述べたように、南アフリカは、2022年3月にタクソノミーを発表しており、共通項タクソノミーではなく、EUタクソノミーを基礎としている。ASEANのタクソノミーにも同様の傾向が見られる。今後、後発の国々がどちらを参照するかによって、中国のタクソノミーの影響範囲は変わってくる。

また、EUタクソノミーは、共通項タクソノミーのルーツの一つでもあるので、後発国がこれらのどちらかを参照する場合、必然的に、そのタクソノミーは、EUタクソノミーを部分的に反映したものとなる。これまでのところ、後発国はこれらのタクソノミーを参照しており、各国のタクソノミーは、EUタクソノミーに部分的に収斂していると言える。

しかし、各国がカスタマイズしている部分が少なからずあることから、収斂とは逆向きの断片化（fragmentation）も同時に起きている。そうなると、世界のグリーン金融の市場も断片的なものとなり、資本の円滑な移動が阻害されうる。この状況を是正すべく、さらなる収斂に向かうのか、それとも断片化が続くのか。ブリュッセル効果の真価が問われるのは、これからである。

4　グローバルガバナンスの形成と日本の対応

パリ協定と金融の接点

本章では、ここまで、金融当局がＦＳＢを軸に気候変動を金融の安定に結びつける動き、金融機関が国連関連のイニシアティブのもとで投融資排出量の目標を設定する動き、そして、ＥＵタクソノミーの影響が国際的に波及する動きを取り上げた。

国際場裡（じょうり）における金融と気候変動の接点は、これら以外にも様々存在している。たとえば、Ｇ20は、ＦＳＢを通じた金融安定の観点からの取り組みに加えて、サステナブルファイナンス全体を推進するための取り組みについても、作業部会を設置して議論を続けている。また、Ｇ７では、Ｇ20、ＦＳＢ、ＩＳＳＢ、ＮＧＦＳなどの取り組みを支持することを確認している。

パリ協定にも、金融との接点がある。パリ協定の第2条1項は協定の目的を定めており、そのうちの一つが「2℃よりも十分に低い温度上昇に抑え、1・5℃以内に抑える努力を追求する」という温度目標である（第2条1項（a））。温度目標と並んで、「気候変動の悪影響に適応する能力と気候に対する強靱性を高めること」（第2条1項（b））と「低排出型で気候強靱的な発展に資金の流れを適合させること」（第2条1項（c））も目的と位置づけられており、後者が金融と関連する。ここでの「資金の流れ」は、先進国から途上国への資金支援だけではなく、国内と国際、官と民を問わず、幅広い範囲の資金、つまり金融全般を含むものと解されている。そして、この目的を達成するためには、低排出と気候強靱化に資する資金を増やし、これと逆行する資金を減らす必要がある。

2015年のパリ協定採択以降、「資金の流れ」に関する目的は、ほとんど関心が払われてこなかった。しかし、2021年頃から、COPでの議論が徐々に活発になってきた。この背景には、途上国への資金動員に関する新目標を2024年までに設定することになっており（第2章参照）、先進国を中心に協定の目的に即して新目標を検討すべきとの意見が強まったことがある。

実は、GFANZの各連合体も、パリ協定と金融機関の結節点となっている。

2015年のCOP21では、パリ協定の採択に加えて、自治体や企業などの「非国家のステークホルダー」による自主的な取り組みを促進することが合意され、ステークホルダーの動員を主導する「チャンピオン」をCOPの議長国から毎年選出することになった。この取り組みの一環として、2020年に、当時のチャンピオンが「ゼロへのレース」(Race to Zero)と呼ばれるキャンペーンを立ち上げた。「2050年のネットゼロ排出」や「排出削減対策なしの化石燃料のフェーズアウト」などを誓約し、その実現のための計画を公表することなどを参加要件として、非国家のステークホルダーを募るものである。

このキャンペーンの構造面の特色は、「パートナー」と呼ばれる団体を介して、間接的にステークホルダーを動員することである。仲介者を通じた間接的なガバナンス手法は、国際関係論の分野で「オーケストレーション」(orchestration)と呼ばれている。「ゼロへのレース」はこの手法を取ったことで、企業・団体を短期間で大量に確保することに成功し、執筆時点で、参加組織数は13000を超えた。実は、GFANZの各連合体はパートナーに指名されており、その結果として、各連合体に参加する金融機関は「ゼロへのレース」にも参加していることになっている。

ところが、この間接的な構造が、後に問題を引き起こした。本章2節で述べたように、NZBAに加わる一部の米国の銀行は2022年9月に、訴訟リスクを理由に脱退を示唆した。

実は、事の発端は、「ゼロへのレース」側が2022年6月に参加要件を強化し、新規の化石燃料資産へのファイナンスの制限、特に新規の石炭案件へのファイナンスの禁止を求めたことだった。米銀はこの要件がNZBAを介して適用されれば、不当な取引制限と見なされて訴えられかねないと懸念したようだ。その後、同年9月に「ゼロへのレース」側がこの要件を緩和し、米銀はNZBAを脱退しなかった。

グローバルガバナンスの現在地

本章では、「金融の安定」「金融機関のネットゼロ目標」「タクソノミー」という三つのテーマについて、国際的なイニシアティブの態様を見てきた。取り上げたイニシアティブは、金融と気候変動の接点を扱っている点では共通している。しかし、共通の起源から枝分かれして派生したのではなく、それぞれに異なるルーツがある。したがって、階層的な統制や相互に調整する仕組みは存在せず、別々に活動を展開している。

それでも、これらのイニシアティブは、総体として見れば、金融と気候変動をつなぐ機能を果たしており、グローバルガバナンスが成立していると言える。このガバナンスは、パリ協定のような単一の多国間条約を中心として、政府間で協調を深める従来型の構造ではない。多数の中心が並立する「多中心的」(polycentric) な構造となっている。しかも、中心となる組織や場の属性は、主要国の金融当局間の連携を図る組織（FSB）、民間の基準設定団体（ISSB）、国連の支援を受ける民間のイニシアティブ（GFANZとその連合体）、EUが主導するイニシアティブ（IPSF）など多様である。

多中心的なガバナンスを構成するそれぞれの中心には、各自のガバナンスのスタイルがある。金融安定では、G20を頂点としつつ、その下でFSBが既存の政府間組織と連携するガバナンス構造が、2008年の世界金融危機時に成立しており、この構造のなかで気候変動に関する取り組みを進めている。同時に、情報開示については、FSBが民間イニシアティブであるTCFDにタスクアウトし、さらにISSBに引き継がれた。金融機関のネットゼロ排出目標では、各国政府は直接的には関与せず、国連が支援する民間のイニシアティブが金融機関を動員している。この方式が可能となった背景には、過去30年以上にわたり、国連が環境問題を巡って、金融機関と連携してきた歴史がある。タクソノミーについては、世界に先駆けて包括的な体系を整備したEUが、自ら立ち上げたIPSFで国際的な連携を進めつつ、ブリュッセル効果とも呼ばれる国際的な波及影響が作用している。

こうした多様なイニシアティブが相互に不整合を起こさずに並立できているのは、各イニシアティブがパリ協定、特にその温度目標を意識していることによる。これらのイニシアティブは、パリ協定の下に置かれているわけではない。しかし、パリ協定の存在が契機となって立ち上がっており、パリ協定を外側から補完している。

日本の移行金融

日本がこの分野で、賛否両論含めて、国際的に議論を喚起しているのが「移行金融」(transition finance) である。カタカナで「トランジションファイナンス」と呼ばれることも多い。移行(トランジション)とは、ネットゼロ排出への移行を意味し、移行金融はその実現への資金供給を指す。2050年ネットゼロ排出とのゴールを定めるだけでは不十分であって、そこに至るまでの移行段階も重要であることには、異論の余地はない。

日本政府が主張しているのは、①移行の道筋は一様ではなく、国・地域の特性を反映して多様になることと、②ネットゼロ排出に一足飛びに進む分野もあれば、途中の移行段階を経る分野もあることの2点である。そして、この主張から導かれるのが、化石燃料を非化石のエネルギーに一気に切り替えるだけではなく、移行段階では、エネルギー効率化、排出量の小さい天然ガスへの転換、水素・バイオマスとの混焼といった技術的な手段によって、化石燃料を使い続けつつも二酸化炭素の排出量は減らすとの考え方である(4―6)。議論を招いているのは、この点だ。

移行のあり方を巡る論争は、エネルギーを扱う次章で取り上げるとして、本章で指摘しておくべきことは、日本政府が移行金融を様々な機会で発信し続けたことを一つの契機として、国際的な場での議論が加速したことである。たとえば、ＮＧＦＳ、ＩＰＳＦ、ＧＦＡＮＺは、それぞれに、移行金融に関するレポートを取りまとめた。関連して、企業や金融機関の「移行計画」についても、ＧＦＡＮＺやＦＳＢで検討が行われている。こうした活動を通じて、「移行金融」という用語は国際的に定着してきた。

　もちろん、日本政府が強調している考え方がそのまま是認されたわけではなく、他方で、移行のあり方やそれへの資金供給について、別の統一的な考え方がまとまったわけでもない。それでも、ネットゼロ排出に至る途中段階の取り組みを支援する移行金融には、１・５℃といった温度目標と整合的で、炭素排出を固定化しない限りにおいて、一定の役割があるとのコンセンサスがＧ７などで形成されてきている。

4—6　ネットゼロ排出と移行段階

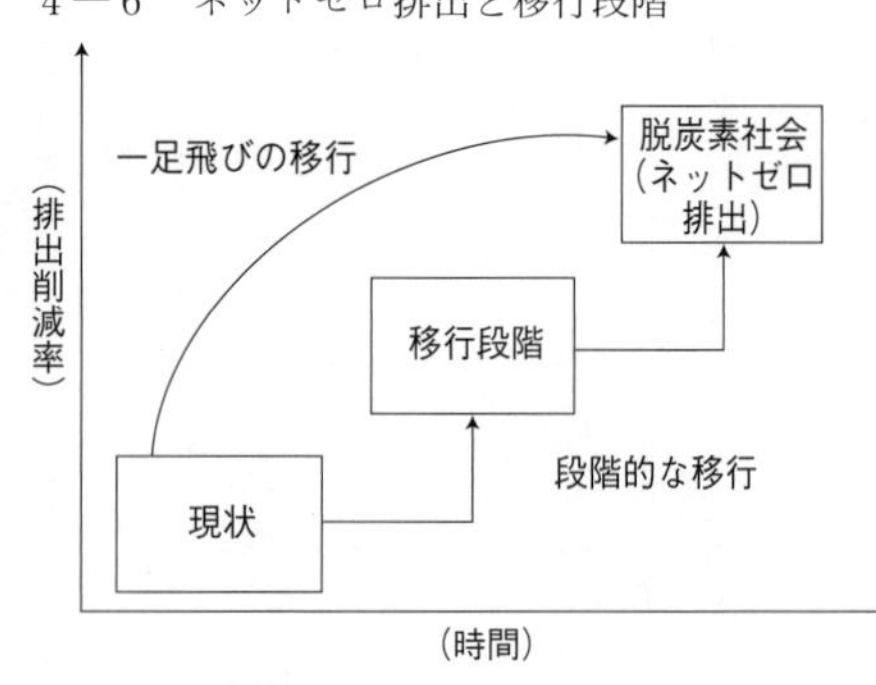

出典：経済産業省ウェブサイトに掲載の図を一部改変

　では、この考え方がはたして、金融界に受容されるのか。その試金石となるのは、日本政府が2024年から発行している移行国債（正式名称は「クライメート・トランジション利付国債」）である。第3章で取り上げたように、政府はGX投資に対して、10年間で20兆円の支援を決めた。移行国債はその財源を調達するものであり、償還財源としてカーボンプライシングによる政府収入を用いる。

移行国債は、普通国債とは別の金融商品として入札されることから、その利回りも別の値となる。もし、債券投資家が日本政府の脱炭素計画が信頼に足ると評価し、その財源となる移行国債を投資する価値のあるものと捉えれば、普通国債よりも継続的に低い利回りとなり、政府の資金調達コストは下がるだろう。反対に、投資家が化石燃料を使い続ける部分をグリーンウォッシュと懸念すれば、利回りは低くならないだろう。さらに、債券投資家が移行国債の流動性のリスクを懸念する場合も、利回りが下がりにくくなる。というのも、通常の国債の年間発行額は150〜200兆円程度と巨大であるのに対し、移行国債の発行額は10年間で20兆円と比べものにならないほど小さく、流動性が劣るためだ。

2024年2月14日に行われた初回入札では、通常の国債よりも利回りがわずかに低くなった。このグリーン性に対するプレミアム（「グリーニアム」という）が今後入札でも発生し続けるのか、海外投資家からも受容されてグリーニアムがさらに拡大するのか、あるいはグリーンウォッシュや流動性のリスクが懸念されてグリーニアムが消失してしまうのか、今後の動向を注視する必要がある。

第5章

エネルギーの脱炭素化と世界の分断

2021年11月13日、COP26で議長案への反対を表明するインドのブペンドラ・ヤーダブ環境・森林・気候変動大臣
出典©UNFCCC

「誰が期待できようか、発展途上国が石炭利用や化石燃料補助金の段階的な廃止を約束することを。途上国はいまだ経済発展と貧困削減に取り組んでいる最中だ」

インドのブペンドラ・ヤーダブ環境・森林・気候変動大臣は、２０２１年11月13日、英国のグラスゴーで開催されていたＣＯＰ26の最終局面で、こう主張した。議長国の英国が提示した「排出削減対策が取られていない石炭火力発電と非効率な化石燃料補助金の段階的な廃止に向けて、努力を加速させる」との合意案に、真っ向から反発したのだ。

温室効果ガスには、二酸化炭素、メタン、フロン系ガス、一酸化二窒素など、様々な物質が含まれる。そのなかでも、地球温暖化への寄与度が最も大きいのが、石油・天然ガス・石炭といった化石燃料の燃焼時に発生する二酸化炭素である。個人も企業もエネルギーを日々消費しており、特に途上国では、人口増加や経済成長に合わせて、エネルギー消費量が年々増大している。そして、エネルギー源が化石燃料である限り、二酸化炭素が排出される。

エネルギー需要を満たしながら、同時に二酸化炭素排出をなくすには、省エネルギーの推進、再生可能エネルギーの拡大、原子力発電の利用、ＣＣＳによる化石燃料の排出ゼロ化によって、エネルギーを脱炭素化しなければならない。その実現には、社会や経済を巻き込んだ対策が必要となり、裏を返せば、社会全体で負担が発生する。インドのヤーダブ大臣が懸念するように、エネルギーの脱炭素化は、進め方を誤れば経済発展や貧困削減の足かせとなりうる。増大するエネルギー需要を満たしつつ、同時に脱炭素化を実現するにはどうすればよいか。

２０２０年代に入ると、エネルギーの脱炭素化がG７とCOPで毎年取り上げられ、合意文書に何を記載するかを巡って、激しい交渉が行われるようになった。合意文書は法的な拘束力がない政治合意であって、各国に義務を課すものではない。それでも、報道での注目度が高く、政治的なインパクトが大きいことから、各国は簡単には妥協しない。しかも、エネルギーを巡る国益は、インドのヤーダブ大臣が指摘した経済発展段階に加えて、資源賦存や地理的条件、産業構造など、各国が置かれた状況によって大きく異なり、その脱炭素化を巡って国々の立場は割れている。本章では、G７とCOPで繰り広げられたエネルギー、特に化石燃料を巡る攻防や分断状況を描いたうえで、世界が分断するなかでも、日本が追求しなければならない国際協力のあり方を考える。

1　G７の先鋭化と日本の苦境

ネットゼロ排出と化石燃料

第2章で述べたように、ネットゼロ排出とは、人間活動による二酸化炭素の排出量が、人間が大気から除去した二酸化炭素の量と釣り合う状態を指す。「除去」には、植林によって二酸化炭素を樹木に吸収させることに加えて、大気中の二酸化炭素を装置で直接回収して地中に固定する技術や、植物由来のバイオマス燃料の燃焼時に発生した二酸化炭素を地中に埋める技術など、多様な方法がある。ネットゼロ排出時には、除去量の分だけ、二酸化炭素の排出が残余することになる。

しかし、除去可能量には物理的な限界があるため、それに頼る前に、まずは二酸化炭素排出量を省エネ、再エネ、原子力、炭素回収貯留（CCS）、水素（※再エネ・原子力による電気分解やCCS付きの化石燃料から生産されるもの）によって最大限削減したうえで、どうしても削減しきれない残余排出を炭素除去で相殺し、ネットゼロ排出を実現することになる。

5―1で定量的に確認しよう。

世界全体のエネルギー関連の二酸化炭素排出量は、2019年に約340億トンであった。1・5℃目標を達成する場合、この排出を2050年までに67～91%削減して、約30～119億トンに抑えたうえで、残余する排出量の大半を炭素除去で相殺する必要がある。幅のある数値となっているのは、1・5℃目標を満たすときの排出と除去のあり方には、様々なパターンがあるためだが、その幅のなかで共通しているのは、排出削減が炭素除去よりも、量

5―1　1.5℃目標を達成する場合の世界全体の「エネルギー関連の二酸化炭素排出量」と「人為的な二酸化炭素除去量」の推移（2010～2100年）

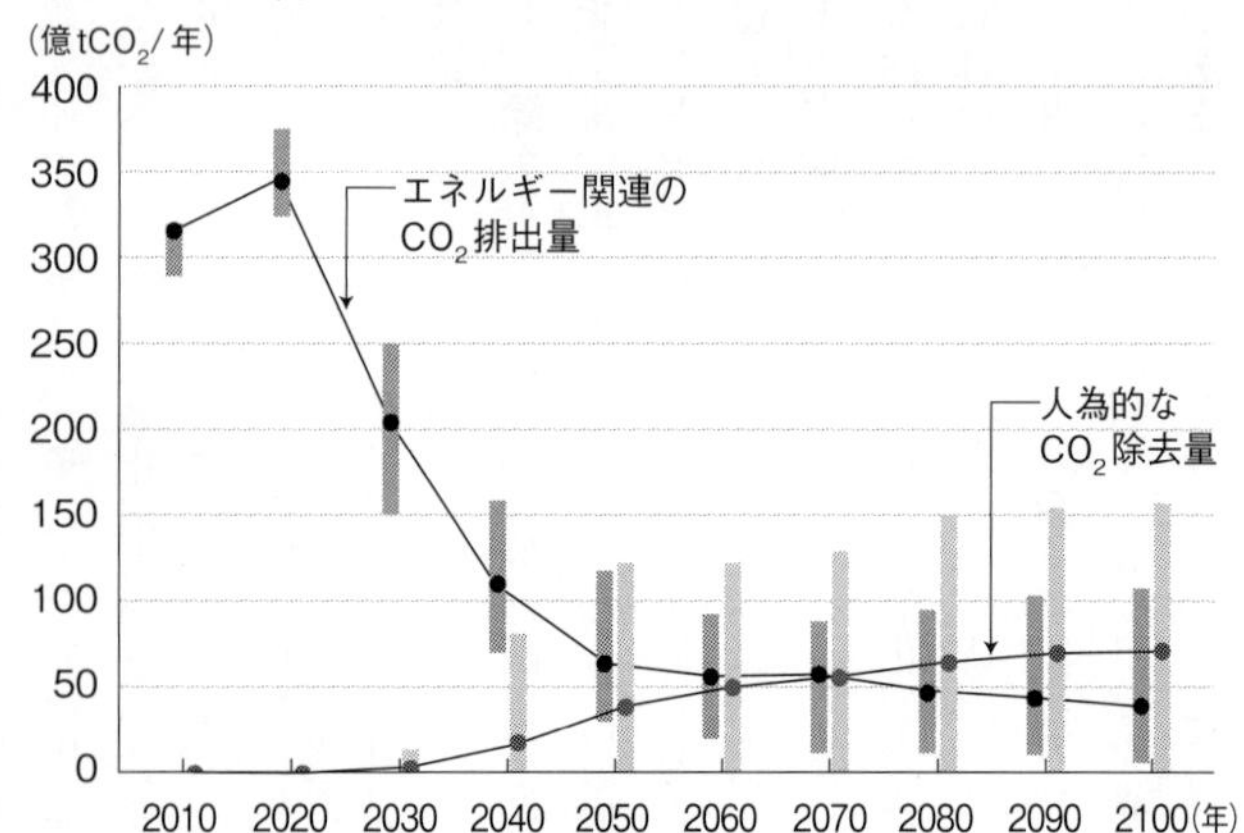

注）「●」と「●」は該当するシナリオ群の中央値を指し、淡色の長方形はシナリオ群の上位５％と95％の幅を指す。

出典：IPCC第３作業部会第６次評価報告書のシナリオデータベースより、C１カテゴリーに分類されるシナリオを抽出し作成

が大きいことである。排出量は２０５０年に向けて大幅に削減される一方で、除去量は２０４０年以降に拡大し、２０５０年には、大幅削減後の排出量とほぼ釣り合う水準となる。

ここで、排出の大幅削減は「①省エネ・再エネ・原子力によって化石燃料の消費量を削減する部分」と、「②化石燃料を使い続けつつも、ＣＣＳによって排出をゼロにする部分」に分けられる。

５―２は、化石燃料の種別ごとに、２０５０年までの消費量の推移を見たものである。棒の頂点が２０５０年までの化石燃料の消費

5－2　1.5℃目標を達成する場合の世界全体の化石燃料消費量の経年変化

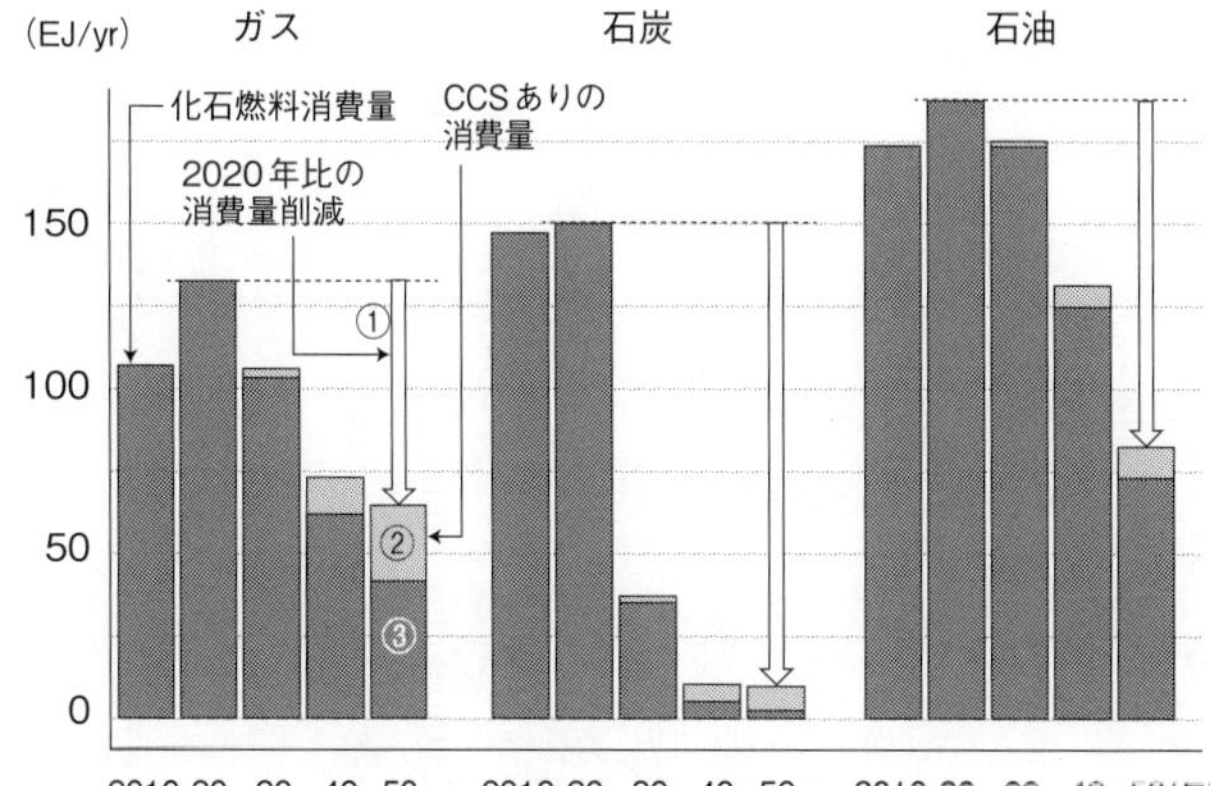

出典：IPCC第3作業部会第6次評価報告書のシナリオデータベースより、C1カテゴリーに分類されるシナリオを抽出し作成。値は対象シナリオの中央値

量推移で、矢印（①）がピーク時の消費量からの削減で、棒の灰色部分が②のCCSによる排出削減となる。そして、残りの黒色部分が③の残余排出に相当する。5－1で示したように、2050年までに炭素除去でほぼ相殺される。量でみると、①が最大となる。

まとめると、ネットゼロ排出の実現に向けて、化石燃料は、①消費量の削減、②CCSによる排出ゼロ化、③炭素除去による排出相殺のいずれかを要することになり、その大部分は①となる。

IEAの行程表

第2章で詳しく見たように、2050年ネットゼロ排出への関心が高まったのは、２０１９年頃である。その後、新型コロナウイルス感染症があり、２０２０年に予定されていたＣＯＰ26は、２０２１年に延期となった。その間、米国では政権交代があり、民主党のバイデン政権が発足した。

ＣＯＰ26の議長国である英国は、奇しくも、２０２１年にＧ７の議長国も務めており、この機会を捉えて、脱炭素化を国際的に推し進めようとした。その後押しとすべく、英国は、国際エネルギー機関（International Energy Agency：ＩＥＡ）に対して、２０５０年ネットゼロ排出に関する報告書の作成を依頼した。ＩＥＡは、１９７４年に創設された先進国を中心とする国際機関である。１９７３年の第一次石油危機を受けて、米国のヘンリー・キッシンジャー国務長官が創設を提唱した。先進国クラブとも呼ばれる経済協力開発機構（ＯＥＣＤ）の加盟国のうち、石油備蓄などの要件を満たす国が加盟しており、当然、日本も加盟国である。ＩＥＡの当初の目的は、まさに石油危機への対応であり、次なる危機への備えであった。しかし、時代とともに、その役割が変容・拡大し、近年は、エネルギーの脱炭素化に関する分析や提言を多く発表している。

ＩＥＡは、英国の要請に応じ、２０２１年５月18日に「２０５０年ネットゼロ――世界のエネルギー部門への行程表」と題する報告書を発表した。二酸化炭素排出を２０５０年にネットゼロとするために必要な取り組みを、同機関のシミュレーションモデルを用いて分析し、

「いつまでに何を実現すべきか」を具体的に提言している。各国政府やエネルギー業界の関係者に大きなインパクトを与えたＩＥＡの提言を順に見ていこう。

まず、最も鮮烈であったのが、「今からすぐに、新たな油田・天然ガス田の開発を一切認可しない。炭鉱については、新規開発も既存炭鉱の拡張も認めない」との提言だ。化石燃料の供給源を、脱炭素化に整合するように絞り込むべしということである。少し説明すると、石油は、操業中の油田への投資を続けていれば、生産量は急減せず、脱炭素化による需要の減少と釣り合う程度の生産減衰に留まる。したがって、新規の油田への投資は不要となる。天然ガスは、認可済みのプロジェクトが多数存在しており、将来の需要増加には、それで間に合う。二酸化炭素排出量が大きい石炭は、既存炭鉱の拡張も不要で、生産量を傾斜的に絞る。

さらに、「２０４０年までに、電力の二酸化炭素排出量を全世界でネットゼロ」と打ち出した。電力部門は、経済全体よりも10年早く、ネットゼロ排出にすべきということである。２０４０年に至るまでの時期についても、「先進国は２０３０年までに、排出削減対策がない石炭火力発電を段階的に廃止、２０３５年までに電力部門全体をネットゼロ排出」として、先進国による対策の加速を求めた。「対策なし」(unabated) は、ＣＣＳなどの排出削減対策を施していない状態を指し、「段階的な廃止」(phase-out) は、徐々に減らしていき、最終的にはゼロにするとの意味である。本章で取り上げるG７とCOPでは、この二つの用語が頻繁に使われているので、頭の片隅に留めながら、以下を読み進めていただきたい。

もう１点、注目されたのが乗用車である。「２０３０年に、世界全体で新車販売の６割を電気自動車・プラグインハイブリッド車・燃料電池車」とし、「２０３５年以降はガソリン車・ディーゼル車を販売しない」と提示した。

個々の対策は、脱炭素化の実現方策として目新しいものではない。ただ、具体的な年限を切ったことでメッセージ性が一気に増した。英国はこの行程表を携えて、G７とCOP26に臨んだ。

電力脱炭素の期限

２０２１年のG７は、５月20日と21日に気候・環境大臣会合がオンライン形式で行われ、その３週間後の６月11日から13日まで、首脳会議（サミット）が英国のコーンウォール州で開催された。この日程から分かるように、IEAの行程表は大臣会合の直前に発表されたものだった。

焦点が当たったのは、「対策なしの石炭火力の全廃時期」と「電力部門のネットゼロ排出の実現時期」である。IEAの行程表では、先進国はこの二つをそれぞれ２０３０年と２０

35年に達成する必要があるとされており、G7という主要先進国の会議で取り上げられるのは必然と言えた。

2021年5月の時点で、G7諸国のうち、英国、カナダ、フランス、イタリアは2030年、またはそれ以前の石炭火力の全廃を掲げていた。残りの3カ国のうち、ドイツは2038年までの全廃を決定済みであり、当時のメルケル政権は時期の前倒しを否定していた。米国では、バイデン大統領が前年の選挙で「2035年までの電力ゼロ排出」を公約して当選した。ただし、石炭火力の全廃時期は示していなかった。

そして、日本は、菅総理が4月に「温室効果ガスの排出を2030年に2013年比で46%削減」との目標を掲げた直後であり、この目標を踏まえて、2030年のエネルギー需給のあり方を見直している最中(さなか)であった。もともとは、2015年に決定したエネルギーミックス（発電電力量の電源種別の構成比）に基づき、2030年の石炭火力比率は26%とされていた。東日本大震災と福島第一原子力発電所の悲惨な事故を受けて、原子力発電への依存度を低減させるなかで示された数字であり、火力発電を簡単には減らすことができない日本の状況を表すものであった。しかし、この比率では46%目標を達成できないことから、再生可能エネルギーの比率を増やしつつ、火力発電の比率を低減させることが検討されていた。

このように、この年のG7は、2030年までの石炭火力全廃を掲げた「英国・カナダ・

フランス・イタリア」、2038年までの「ドイツ」、2035年までに電力ゼロ排出化の「米国」、そして、石炭火力を簡単にはゼロにできない「日本」という状況であり、日本は苦しい立場に置かれていた。この構図は将来の目標だけではなく、その時点でのG7諸国の電源構成からも見て取れる（5―3）。

交渉の結果、G7サミットの共同声明には、「2030年代に電力部門を圧倒的に脱炭素化すること」と「2030年のNDC及びネットゼロの約束と整合的に、対策なしの石炭火力発電所からの転換を加速すること」との文言が盛り込まれた。どちらもニュアンスのある表現なので、詳しく解説しよう。

まず、電力部門の脱炭素化の時期は、単年を指定するのではなく、「2030年代」となった。ここでのポイントは、脱炭素化の前に、「圧倒的に」（overwhelmingly）という副詞が付いていることである。通常であれば、この単語は意味を強める場合に用いられる。しかし、ここでは、その逆に見える。なぜなら、「圧倒的に」が付くことによって、脱炭素化には程度の差があり、2030年代末には、まだ完全な脱炭素化には至っていない可能性を読み取れるからだ。仮に「圧倒的に」が付いていなければ、程度の観点が消え、よりシンプルに脱炭素化のみとなって、2030年代の終わりには、完全な脱炭素化に至ると解釈できた。

次に、対策なしの石炭火力については、「段階的廃止」には触れず、最終到達点が全廃で

5―3　G7諸国の発電電力量構成比

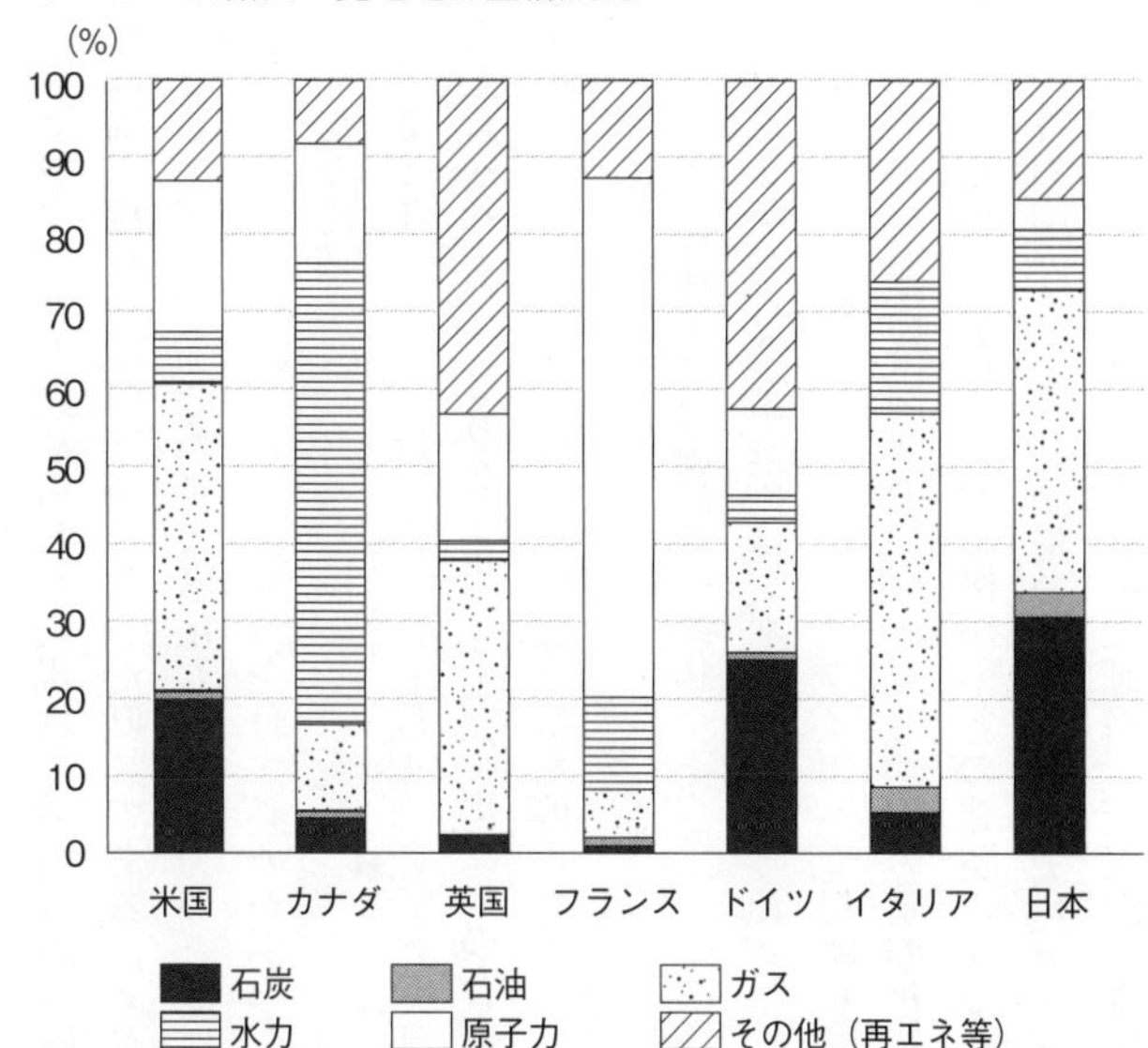

出典：資源エネルギー庁「日本のエネルギー 2022年度版」掲載の図を改変

あるのかが曖昧な「転換」（transition away from）に留めた。ただし、その前段に電力部門の圧倒的な脱炭素化があるので、いずれ全廃に近づくことは自明とも言えた。ここでのニュアンスは、「2030年のNDCと整合的に」との表現である。各国のNDCを上書きするものではなく、その範囲内で、対策なしの石炭火力を減らすと解釈できる。

もちろん、こういう文言をどう解釈するかは各国次第であり、往々にして、G7諸国間で解釈は一致しない。というのも、こういうニュアンスが込められた表現は、通常、歩み寄って立場の違いを埋めた証ではなく、解釈に幅を持たせて何とか合意した痕跡であるためだ。G7諸国の重心が、実現時期はともかくとして、電力部門の脱炭素化と石炭火力の全廃に傾くなかで、日本が他の6カ国と歩調を合わせるためには、ニュアンスを付す必要があったとも言える。日本は苦しい状況に置かれていたのだ。

2021年のG7では、海外の石炭火力建設に対する公的な支援も争点となり、多少の例外を設けつつも、「2021年までの停止」への合意を得た。日本以外のG7諸国は既に停止済みであり、日本はG7を機に支援を停止した。

エネルギー危機下での脱炭素先鋭化

2022年のG7議長国は、ドイツであった。

同年2月24日に、ロシアがウクライナへの侵略を開始すると、G7に代表される西側諸国は、ロシアへの経済制裁の一環としてロシア産の化石燃料からの脱却を打ち出し、それを可能とするための代替燃料の確保が緊急の課題となった。脱ロシア依存には必ずしも与(くみ)さない西側以外の国々も、原油価格の高騰と液化天然ガス(liquefied natural gas : LNG)の需給逼(ひっ)迫(ぱく)によって、エネルギーを手頃な価格で安定的に確保することが困難になった。一言でいうならば、エネルギー危機が生じたのである。エネルギー政策には、経済（economy）、エネルギー安全保障（energy security）、環境（environment）という三つの目的があり、この二つ目の重要性が世界全体で急激に高まったのだ。その結果として、環境の優先度が相対的に下がったような雰囲気が広まった。

ところが、G7諸国の間では、環境、そのなかでも脱炭素化の重要度は高いままで、とりわけ議長国のドイツは、5月の気候・エネルギー・環境大臣会合と6月のサミットで、前年よりも踏み込んだ合意を目指した。というのも、ドイツでは、前年の連邦議会選挙の結果、社会民主党・緑の党・自由民主党の連立によるショルツ政権が誕生しており、その連立合意では、「石炭火力発電の全廃を、理想的には2030年に達成」と謳っていたからだ。「理想的には」との留保が付されているものの、ショルツ政権としては、前年以上に踏み込める状況であった。ただし短期的には、脱ロシア依存のために、国内の石炭火力発電所の廃止を延期しなければならない矛盾も抱えていた。

他方、日本は2021年10月に、エネルギー基本計画を閣議決定した。そのなかで、46％目標を踏まえた2030年のエネルギーミックスを提示し、再エネの最大限の導入を見込んで、石炭火力の比率を19％程度とした。全体の発電量を1割以上減らしたうえで比率も減らしているので、発電量でみると、従前のミックスよりも36％少なくなった。しかし、203

0年全廃との乖離は依然として大きかった。

米国は第1章で取り上げたIRAの法案の議会審議中であり、電力の脱炭素化について、大きな状況変化はなかった。

この情勢のなかで、2022年6月のサミットの共同声明に盛り込まれたのは、「2035年までに電力部門の全体または大宗の脱炭素化を実現」と「対策なしの石炭火力の段階的な廃止の加速」との文言であった。前年の共同声明と比較してみよう。

まず、電力部門の脱炭素化の時期が、前年の「2030年代」から「2035年」に繰り上がった。2035年との期限は、バイデン大統領の選挙公約やIEAの行程表と同じである。ただし今回も、「全体または大宗」(fully or predominantly)という修飾語が付いている。「全体」が完全な脱炭素化を指すことは明白である一方、「大宗」は実際にどの程度の脱炭素化を想定するのか、かなり曖昧である。興味深いのは、5月の大臣会合での共同声明では、「大宗」だけであったことだ。その後のサミットでは、二つの副詞を並べることで、G7諸国の間で立場に相違があることを明確にした。

次に、対策なしの石炭火力について、IEAの行程表と同様に「段階的な廃止」との表現が使用され、最終到達点が全廃であることが示された。ただし、全廃の達成時期は、前年と同様に明示されていない。2021年の共同声明で言及されていた「NDCと整合的に」との留保は、大臣会合の声明には盛り込まれた一方、サミットの声明には入らなかった。

このように、ロシアの侵略を契機とするエネルギー危機の真(ま)っ只中(ただなか)にあっても、前年よりも共同声明の内容が強化され、脱炭素化について先鋭化したままであった。

天然ガス投資支援の容認

一方で、この間、G7は脱炭素一辺倒であったかというと、そうではない。エネルギー安全保障も同様に重要であった。

ロシアへのエネルギー依存から脱却するためには、代わりとなる供給源が必要となる。特に、ヨーロッパは、ロシアからパイプライン経由で輸入していた天然ガスを、別の国から海上輸送されるLNGに切り替える必要があり、そのためには輸出側の液化施設や輸入側の受入施設など、関連インフラに投資しなければならなかった。なかでも、2022年の議長国ドイツは、もともと脱原子力と脱石炭が進行中で、それに加えて脱ロシアも同時に行うことになり、LNGの導入拡大は緊急の課題となった。

ところが、2022年の大臣会合の共同声明には、エネルギーの海外支援について、「各国が1・5℃整合と判断する例外的状況を除き、2022年末までに、対策なしの化石燃料への国際的な公的支援を停止する」と盛り込まれた。石炭だけではなく、化石燃料全体が対象となっている。例外があるとはいえ、1・5℃整合の要件は厳しく、LNG開発に必要な海外支援が滞ってしまうおそれがあった。

そこで、ドイツのショルツ首相は、翌月のサミットで、天然ガス投資を例外とすることを提案した。報道によれば、LNGを必要とするイタリアが支持する一方、北海油田のある英国と原子力発電が潤沢なフランスは反対したという。

その結果、サミットの共同声明は、「ロシアへの依存から脱却するためには、LNGの供給量の増加が重要な役割を果たす」と強調したうえで、「現下の危機に対応するためには、ガス部門への投資が必要であり、この例外的な状況において、ガス部門への投資に対する公的な支援は、一時的な対応として適切となりうる」と謳った。

ただし、脱炭素との整合性は必須とされ、「気候の目標と合致する形で実施」「水素開発の国家戦略と統合することで、炭素排出をロックインしないのであれば適切」といった条件が付された。「ロックイン」(lock-in)とは、化石燃料インフラが数十年にわたって使用され、二酸化炭素の排出が長期的に固定化してしまう懸念を指す。将来的に水素に転換することで、ロックインを避けることが求められたのだ。

IEAのロードマップは、新規のガス田認可の即時停止を求めている一方、この共同声明のもとでは、LNGだけではなく、ガス田の開発も含めて、ガス部門全体への国際的な公的支援が可能となる。危機を目の当たりにして、例外を設けざるをえなかったのだ。エネルギー安全保障と脱炭素の相克を見て取れる。

実際、ドイツやイタリアは、この頃から、地理的に近いアフリカでの天然ガス開発を進めようとしており、アフリカ諸国もこれを概ね歓迎している。他方で、これまで、欧州諸国は、アフリカの国々に脱化石燃料を説いていた経緯もある。2022年11月にエジプトのシャルム・エル・シェイクでCOP27が開催された際には、アフリカ諸国が欧州を「ダブルスタンダード」、つまり自国の化石燃料利用への制限は緩い一方で、アフリカには厳しい制限を求めていると批判する報道記事が散見された。

議長国日本の難しい舵取り

2023年は日本がG7の議長国で、4月15日と16日に気候・エネルギー・環境大臣会合が札幌で開催され、5月19日から21日までサミットが広島で開催された。前年からの大きな変化は、米国でIRAが成立し、電力部門を中心に脱炭素化が加速する見込みとなったことだ。その結果、米国は以前よりも、電力部門の脱炭素化に踏み込みやすくなった。日本は議長国でありながら、引き続き、難しい立場にあったと言える。

サミットの共同声明には、まず、前年と同じく、「2035年までに電力部門の全体または大宗の脱炭素化を実現」との文言が盛り込まれた。

そのうえで、「1・5℃以内を射程に入れることに整合した形で、対策なしの石炭火力の段階的な廃止を加速」とした。つまり、今回も具体的な期限は示さなかったものの、1・5℃目標との整合性が付け加えられた。前年の大臣会合の声明では、NDCと整合的な形で廃止するとされており、各国の政策を上書きしない範囲と解釈できる余地があった。しかし、NDCではなく、1・5℃となったことで、そうした解釈が難しくなった印象がある。期限が切られていないとはいえ、定性的な表現の強度は高まった（5―4）。このように、3回のG7を経て、電力部門の脱炭素化を巡る表現は徐々に強まっていった（なお、2024年4月30日、イタリアで開催されたG7気候・エネルギー・環境大臣会合の共同声明に、「2030年代前半、または1・5℃以内を射程に入れることに整合的な時間軸で、対策なしの石炭火力を段階的に廃止する」との期限が初めて盛り込まれた）。

さらに今回は、電力部門だけではなく、「エネルギーシステム全体」についても、「遅くとも2050年までにネットゼロ排出を実現するために、対策なしの化石燃料の段階的な廃止を加速」との方針への合意を得た。

ところが、廃止に至るまでの「減らし方」については、欧米諸国と日本の間で隔たりがあった。欧米諸国はゼロ排出技術に一足飛びに移行することを志向するが、日本は化石燃料と

５—４　G7サミットの共同声明における電力部門の脱炭素化を巡る表現の変遷

<table>
<tr><th></th><th>電力脱炭素化の実現時期</th><th>対策なしの石炭火力の扱い</th></tr>
<tr><td>2021年（英国）</td><td>2030年代に圧倒的（overwhelmingly）に脱炭素化</td><td>NDC及びネットゼロと整合的に、転換（transition away from）を加速</td></tr>
<tr><td>2022年（ドイツ）</td><td rowspan="2">2035年までに全体または大宗（fully or predominantly）の脱炭素化</td><td>段階的な廃止(phase-out）の加速</td></tr>
<tr><td>2023年（日本）</td><td>1.5℃以内と整合的に、段階的な廃止（phase-out）を加速</td></tr>
</table>

ゼロ排出技術のハイブリッド段階を経由してから、ゼロ排出技術に移行することも視野に入れているためだ。

たとえば、乗用車の脱炭素化を測る指標として、欧米諸国は「新車販売に占めるゼロ排出車の割合」を、日本は「使用中の全乗用車から生じる排出量の削減率」を主張した。両者で意味合いが異なってくるのは、ハイブリッド車の扱いである。ハイブリッド車は、ゼロ排出ではないものの、ガソリン車よりも排出量が小さい。一つ目の指標では、電気自動車と水素自動車のみが評価され、ハイブリッド車による削減貢献を捉えられないことから、日本は二つ目の指標を提起した。その結果、サミットの共同声明は、数値の目安として、「２０３０年までに、新車販売におけるゼロ排出車のシェアを世界全体で50%以上」と「２０３５年までに、保有車両からの二酸化炭素排出量を、G７全体で２０００年比で半減」を併記した。

火力発電についても、日本は、水素（H_2）とアンモニア（NH_3）を化石燃料に混ぜて用いる構想を立てている。水素とアンモニアは可燃性の物質であるので、燃料として用いることができ、構成元素に炭素（C）が含まれないことから、燃やしても二酸化炭素が排出されない。ただし、最初から水素のみ、あるいはアンモニアのみで発電することは、技術的にもコスト的にも困難であることから、当面は化石燃料に混ぜて用いることで、火力発電の二酸化炭素排出を減らす。そして、水素・アンモニアの比率を徐々に高めていき、最終的には１００％、つまり二酸化炭素排出ゼロにすることを目指す。しかし、高コストであること、技術がまだ確立されていないこと、さらには燃料製造時に二酸化炭素排出をともなうケースがあることなどから、水素・アンモニア発電への批判は、国内外で根強い。他方、再生可能エネルギー、原子力発電、ＣＣＳ付きの火力発電だけでは電力需要を賄いきれない場合、残る選択肢は、水素・アンモニア発電であり、最後の砦（とりで）としての期待もある。

日本は、風力発電や太陽光発電の適地が限られ、洋上風力発電に適した遠浅の海域やＣＣＳに必要な炭素の貯留地も少なく、原子力発電の拡大も容易ではないため、海底が深い場所にも設置可能な「浮体式」の洋上風力発電や、水素・アンモニア発電への期待が他国よりも高まりやすい。

そのような背景もあって、共同声明には、「１・５℃目標及び２０３５年までの電力部門の全体または大宗の脱炭素化と整合していることを前提に、火力発電に水素とその派生物

（※アンモニアなどを指す）の使用を検討している国があることに留意」と記された。「留意」という言葉遣いからは、容認しているわけではないものの、前提が満たされる限りは否定もしないとの後ろ向きのニュアンスが感じられる。議長国の日本としては、強い批判を受けることを覚悟のうえで、共同声明に盛り込むことを提案し、他国の意見や要求を盛り込みながら、この形にまとめたのだろう。

日本が批判を受けてでも打ち出したかったメッセージは、「移行の多様性」である。ネットゼロ排出が実現した時点のエネルギーの供給源や、そこに至るまでの経路は一様ではなく、国ごとに異なるということだ。

このことは、単に日本の移行が他のG7諸国と異なるというだけではなく、西側諸国を越えて、世界全体を見渡した時に一層重要になる。なぜなら、アジアやアフリカは、増大するエネルギー需要を満たしながら、同時に脱炭素化も実現しなければならず、利用できるエネルギー源の選択肢は多い方が良いからだ。そして、採用されるエネルギー源は、その国の資源賦存や地理的状況に応じて変わってくる。もちろん、既に広く普及した太陽光発電、風力発電、水力発電が中心であり、それらで賄いきれない部分に多様性が生じる。

最終的に、サミットの共同声明には、「各国のエネルギー事情、産業・社会構造及び地理的条件に応じた多様な道筋を認識しつつ、（中略）これらの道筋が2050年までにネットゼロ排出という共通目標に繋がることを強調する」と盛り込まれた。

クリーン技術の供給リスク

ここまでの議論は、エネルギーの脱炭素化のために化石燃料の使用を抑え込むことを狙いとしたものだった。他方、2023年のG7では、化石燃料を代替するクリーンエネルギー技術にも、サプライチェーンの面でのリスクがあることを確認した。第3章で指摘したように、太陽光パネル、風力タービン、蓄電池などのクリーンエネルギー機器では、完成品だけではなく、その重要部品や原材料となる重要鉱物まで含めて、中国企業がサプライチェーンで支配的な地位を占めている（3—2を参照）。この状態のまま、クリーンエネルギーへの移行を急加速させると、中国への依存を一層深めることになり、意図的な供給途絶などへの脆弱性が高まるのだ。

大臣会合の共同声明では、中国を名指しはせずに、「過度な依存を避けることが重要」と指摘したうえで、具体策として、「クリーンエネルギー技術の製造及び設置への投資の拡大」と「サプライチェーンの多様化」を掲げた。クリーンエネルギー機器を生産する国を増やすことで、供給国を分散させ、リスクを低減させるということだ。そのうえで、供給国を分散すれば、「炭素密度が低い国での生産活動により、温室効果ガス排出量を削減」できるとした。石炭火力への依存度が高く、炭素密度が高い中国への依存を下げることで、排出量も減ることを遠回しに表現している。名指しこそしていないものの、中国が念頭にあることが窺える。

２０２３年のサミットでは、対中関係全般が論点となった。米国が中国に対して、安全保障上の懸念から、先端半導体やその製造装置の輸出規制を課すなかで、中国との経済関係はどうあるべきかが問われたためだ。

一時、経済関係の切り離しを意味する「デカップリング」（decoupling）がよく使われていた。確かに、軍事転用のおそれのある機微技術については切り離しが必要ではあるとはいえ、経済関係全般の切り離しまでが必要なわけではない。少しでも依存することが問題なのではなく、過度な依存で脆弱性が高まることが問題なのだ。したがって、必要なのは、依存度の低減や供給源の多様化であって、この状態を指す言葉として、欧州委員会のフォン・デア・ライエン委員長は「デリスキング」（de-risking）を提唱した。サミットの共同声明でも、デカップリングではなく、デリスキングが必要と謳われた。

ただ、依存度低減と供給源の多様化との方針を掲げたところで、その実現への道のりは遠い。第3章で詳しく論じたように、先進各国は自国のグリーン産業の育成に力を入れており、米国のＩＲＡの原産国要件を筆頭に、その政策が新たな通商上の火種となっている。この背景には、各国が供給源の多様化の手段として国産化に注力しすぎており、友好国からの調達拡大がやや後回しになっていることがある。

２０２４年の選挙の影響

脱炭素化を巡るG７の先鋭化は、２０２１年以降に起きた。なぜならば、この年、米国でトランプ大統領からバイデン大統領に政権交代したためである。

裏を返せば、２０２４年11月の大統領選挙でトランプ前大統領が勝利して、再度、政権交代となれば、エネルギーの脱炭素化を巡って７カ国で合意することは困難になるということだ。その場合、２０２５年以降のG７では、脱炭素化を扱わなくなるか、米国が賛同しないことを明記しつつ、残りの国々の合意内容を共同声明に記すかのどちらかとなる。どちらになるにせよ、脱炭素化に関するG７の求心力は弱まり、２０２１年以降に見られた先鋭化にはブレーキがかかるだろう。

EUでも、一部の加盟国で急進右派が政治的に伸長しており、２０２４年に行われる欧州議会選挙で議席数を大きく増やす可能性がある。急進右派は概して、現在のEUの脱炭素化政策に否定的であり、一定の政治的影響力を確保した場合には、EUは今までのようには政策を強化できなくなる。

もちろん、バイデン大統領が再選し、欧州議会選挙で急進右派の台頭が起こらなければ、G7の先鋭化が今後も続く。G7で脱炭素化がどのように扱われるかは、2024年の欧米の選挙次第となる。

2 変わりゆくCOPと新興国の抵抗

2021年の石炭合意

再び時間を2021年に戻そう。

G7議長国の英国は、この年のCOP26の議長国でもあった。COPは、UNFCCCやパリ協定の実施に関する事項を議題とし、決定（decision）と呼ばれる合意文書を議題ごとに交渉して今後の実施につなげる。しかし、この時の英国は、こうした従来的なCOPの機能を超えて、気候変動対策の大きな方向性をCOP26で打ち出そうとした。その際に活用したのが、「カバー決定」と呼ばれる文書だった。この文書は、特定の議題に紐づかずに全体を扱うもので、議長国が自ら交渉を主導する。毎回のCOPで採択される多数の決定の一番目に位置づけられることから、表紙（cover）の意味を込めて、この通称となっている。COP26では難交渉の末、「グラスゴー気候協約」（Glasgow Climate Pact）と呼ばれるカバー決定が採択された。第2章で詳説した「1・5℃目標」の強化は、このなかに盛り込まれたものだった。

英国はIEAの行程表を踏まえ、カバー決定に「対策なしの石炭火力の段階的な廃止」を盛り込もうとした。そして、その機運を醸成するために、国際交渉とは別に、有志国の賛同を募る形で「石炭からクリーン電力への移行に関する声明」を取りまとめた。声明は、対策なしの石炭火力からの脱却を、主要国は2030年代末までに、それ以外の国々は2040年代末までに実現することを表明するものだ。自主的な宣言であって、法的に拘束されるものではない。

65カ国がこの声明に加わり、G7諸国では英国を筆頭に、ドイツ、フランス、イタリア、カナダが賛同した。裏を返せば、日本と米国は加わらなかった。G7以外の石炭火力への依存度が高い国では、韓国、インドネシア、ベトナム、ポーランドが賛同した。ポーランドは石炭火力比率が2021年に71%もあり、EUのなかで依存度が極めて高い。それでも賛同したのは、自国は主要国ではないと捉え、全廃期限を2049年と認識したためだ。他方、中国、インド、トルコ、南アフリカといった石炭依存度が高い新興国は賛同しなかった。

賛同する国としない国に割れたものの、議長国が主導して、石炭火力からの脱却を支持する国々を集めたことで、合意文書に脱石炭を盛り込もうとの機運が生まれた。この地ならしを経て、英国はカバー決定の草案に「対策なしの石炭火力の段階的な廃止を加速」という文言を入れた。

これに真っ向から反発したのが、インドのヤーダブ環境・森林・気候変動大臣である。本章の冒頭で取り上げた発言はこの英国案への反対表明だった。南アフリカもインドに同調した。

興味深かったのは、中国の発言である。米国と中国はＣＯＰ26の期間中に共同宣言を発表したが、実はそのなかに「中国は（２０２６年以降に）石炭消費を段階的に削減する」との一文があった。中国は「段階的な廃止」ではなく、米中の共同宣言で使われた「段階的な削減」を使うように求めたのだ。

一見すると、「段階的な廃止」（phase-out）と「段階的な削減」（phase-down）は似た言葉遣いである。しかし、意味合いは大きく異なる。前者は最終的には全廃することを意味するのに対して、後者は最終到達点を含意しないからだ。ほんの少しずつ減らすだけで全廃には遠く及ばない状態も、段階的な削減に含まれる。

中国、インド、南アフリカといった新興国の反対を受けて、関心を有する国々の間での調整が行われた。その結果として、インドのヤーダブ大臣が「段階的な廃止」を「段階的な削減」に置き換える修正案を本会議で提案した。これに対して、ＥＵや小島嶼国などが「強く失望する。しかし、決裂を避けるために反対はしない」と代わる代わる発言し、そのたびに本会議場からは大きな拍手が起こった。最後には、COP議長を務めた英国のアロック・シャルマ大臣が壇上で涙ぐみながら、インドの修正案を反映したグラスゴー気候協約を採択した。

「新興国vsそれ以外の国々」という構図は、第2章で取り上げた「1・5℃目標」を巡る対立構造と同じである。2020年代のCOPでは、新興国の抵抗が際立つようになってきた。

COPの不文律とエネルギー

実はCOPの交渉で、石炭の削減が合意に盛り込まれたのは、COP26が初めてであった。温暖化の主因である二酸化炭素の大半は、石炭をはじめとする化石燃料の燃焼から生じているにもかかわらず、20年以上にわたって、根本原因である化石燃料を直接的には扱ってこなかったのだ。COPでは、特定の原因を狙い撃ちにするのではなく、温室効果ガス全体の削減を扱うことが不文律となっていた。

その背景を説明しよう。第2章で述べたように、COPは全ての国の同意を前提とするコンセンサス方式で意思決定を行っているため、反対する国があれば、それが少数の国であっても合意を採択できない。このルールのなかで、特定の原因に焦点を当てようとすると、それを扱われたくない国が反対し、合意を得られなくなる。

たとえば、二酸化炭素やその発生源である化石燃料を減らすことに合意しようとすると、サウジアラビアなどの中東の産油国が反対する。農業部門の排出削減を扱おうとすると、インドが食糧安全保障への悪影響や途上国の小規模農家への負担を理由に反対する。

他方、特定の部門を指定するのではなく、温室効果ガス排出の全体を扱うのであれば、合意は可能であり、1992年のUNFCCCの採択以降、この形で国際協調を進めてきた。

もちろん、部門別の取り組みが禁じられているわけではない。むしろ、UNFCCCは、「エネルギー、運輸、産業、農業、森林、廃棄物処理などの関連する全ての部門において、削減技術や政策を推進し、協力を行う」と規定している（第4条1項（c））。しかし、この条文のもとで、具体的な取り組みを進めようとすると、合意を導くことができない。2000年代後半に、日本は「部門別アプローチ」を提唱し、2008年から2012年までこの条文の具体化との位置づけで交渉を続けたが、特定部門を切り出すことへの途上国の反発が非常に強く、成果を得ることができなかった。

ところが、COP26では、石炭についての合意を得た。段階的な廃止から段階的な削減へと表現が弱められたとはいえ、26年間のCOPの歴史のなかでは、実は画期的な出来事だったのだ。合意した文言だけを見れば、小さな一歩に過ぎない。しかし、これが蟻の一穴となって不文律が崩れ、石炭以外の化石燃料にも広がる可能性が出てきた。

翌2022年のCOP27では、インドが「対策なしの化石燃料の段階的な削減」をカバー決定に含めるように求めた。インドは石炭火力比率が高く、COP26では、石炭だけを不当に狙い撃ちにされたと考えており、全化石燃料に広げるのが筋であると主張したのだ。先進国、小島嶼国、中南米諸国が賛同した一方で、今度は、石油や天然ガスを生産するサウジアラビア、イラン、ロシアが反対した。結果的に、このCOPではインドの提案は退けられ、前年の石炭合意がそのまま踏襲された。しかし、一度開いた穴は塞がらず、むしろ広がる一方であることが察せられた。

万博化が進むCOP

20年以上にわたる不文律が2021年に打ち破られたのはなぜか。この背景には、COPの変容がある。

2015年にパリ協定が採択され、2018年に協定の実施指針も採択されると、毎年のCOPで交渉しなければならない事項が大幅に減った。他方、気候変動への関心は年々高まり、COPには、国際交渉に関わる政府関係者やその交渉をウォッチする環境NGO・産業界・メディアだけではなく、交渉以外の目的での来訪者が多く集まるようになった。

その結果、今やCOPは、交渉の場でありながらも、世界の気候変動関係者の年次総会のような雰囲気となっている。主要国の政府はCOP会場のなかに、自国の「パビリオン」を設け、展示やイベントで自らの取り組みをアピールし、さらには国際的な連携を深めるのに役立てている。政府だけではなく、民間の関係者が主催するイベントも数えきれないほど行われる。企業の展示も急増中だ。2023年のCOP28では、参加者数が8万人を超えた。まさに、COPが万博化したのだ。

こうした交渉の外側でのアピール合戦が盛んになるなかで、脚光を浴びるようになったのが有志国連合である。英国がCOP26で脱石炭の声明に対する有志国の賛同を募ったのは、その一例である。他にも様々な有志国連合があり、注目を集めるものもあれば、そうではないものもある。注目されるものは、世界中のメディアで本丸の国際交渉よりも詳しく取り上げられ、COP全体の雰囲気に影響する。特に議長国が主導するものには関心が集まりやすい。

時には交渉しなければならない事項が減ったのを埋めるように、交渉以外の取り組みに注目が集まり、その一部が交渉にも波及して、カバー決定に盛り込まれていく。COP26の石炭合意はこうした流れで、特定の原因を狙い撃ちにしないとの不文律を突破したのだった。

2023年の化石燃料合意

2023年12月のCOP28では、「グローバルストックテイク」が最重要の議題となった。グローバルストックテイクとは、NDC提出の2年前に、パリ協定の実施状況を包括的に評価するプロセスである（第2章を参照）。2025年がNDCの提出期限であったことから、2023年のCOP28で実施され、グローバルストックテイクに関する決定がカバー決定の役割を担うことになった。

COP28は、アラブ首長国連邦（United Arab Emirates：UAE）のドバイで開催された。COP議長を務めたのは、同国の産業・先端技術大臣で、アブダビ国営石油会社のCEOでもあるスルターン・アル・ジャーベル氏である。UAEは産油国である一方、中東諸国のなかで最初に「2050年ネットゼロ排出」を掲げた国でもあり、再エネ・水素・CCSに積極的に取り組んでいる。開催地のドバイは主要首長国の一つであり、石油以外の産業で急速な経済発展を遂げた。UAEが産油国として、エネルギーに関する合意を、グローバルストックテイクのなかでどのようにまとめていくのかに注目が集まった。

アル・ジャーベル大臣はCOP開催に先立って、締約国に書簡を発出し、そのなかで「対策なしの化石燃料を2050年までになくす方法を考えなければならない」「石炭への対策は優先度が高い」「化石燃料の需要と供給を段階的に削減することは不可避である」と表明した。エネルギー、特に化石燃料の排出削減を合意文書に盛り込む意欲を示したのだ。

ＣＯＰが開幕すると、ＵＡＥは2年前の英国と同様の手法をとった。有志国の共同声明で機運を醸成したのだ。開幕2日目の首脳会合の機会を捉えて、「世界全体で、再エネ設備容量を２０３０年までに3倍増、エネルギー効率の年間改善率を２０３０年まで倍増」を誓約する国を募り、１２０カ国近くの賛同を得た。日本も賛同した。実はこの数字は、ＩＥＡが提起したものだった。ＩＥＡは２０２３年9月に、２０２１年の行程表の改定版を発表し、そのなかに目立つ形で盛り込んでいたのだ。

ＵＡＥが主導したもの以外には、米国が「原子力発電の設備容量を世界全体で２０５０年までに3倍増」との方針に賛同する国を募り、日本を含む25カ国の賛同を得た。ただし、原子炉の二大輸出国である中国とロシアは加わらなかった。また、英国とカナダが２０１７年に立ち上げた脱石炭連合（Powering Past Coal Alliance：ＰＰＣＡ）に、米国が新たに参加すると表明した。このタイミングでの参加となったのは、前年にＩＲＡが成立したことで、脱石炭を掲げやすくなったためと考えられる。Ｇ7でＰＰＣＡに不参加なのは、日本のみとなった。

2週間の会期の終盤になると、ＵＡＥはグローバルストックテイクに関する決定の取りまとめを自ら主導し、エネルギーに関する合意の調整にあたった。争点になったのは、２０２

3年のG7で合意された「対策なしの化石燃料の段階的廃止」の是非である。米国、EU、英国、小島嶼国などはこの表現を決定に盛り込むように求めた。他方、中国などの新興国とサウジアラビアなどの産油国はこれに強く反発した。UAEは産油国ではあるものの、議長国として、合意形成を優先した。

難交渉の末、両者の妥協点として、「2050年ネットゼロを実現すべく、2020年代の取り組みを加速し、化石燃料から転換」との一文への合意を得た。

「化石燃料からの転換」の意味

この合意には、COP交渉の転換点という政治的な側面と、ネットゼロ排出に関する技術的な側面がある。

まず、政治的には約30年のCOPの歴史のなかで初めて、化石燃料全体を減らすことへの合意を得たことが画期的であった。COP26の石炭削減で開いた風穴が、2年の時を経て、化石燃料全体の削減にまで広がったのである。しかも、産油国のUAEで合意したことで、メッセージ性が一層強まり、「歴史的」と評された。

ただし、「段階的な廃止」(phase-out)が最終的にゼロに至ることを意味するのに対して、「転換」(transition away from)は到達点が曖昧でインパクトが弱い。新興国や産油国の同意を得るには、表現を弱くするしかなかったのだ。

次に、技術的な側面については、化石燃料の前に「対策なし」という修飾語が付かなかった点がポイントとなる。本章の第1節で述べたように、ネットゼロ排出を実現する際に、化石燃料は、①消費量の削減、②CCSによる排出ゼロ化、③炭素除去による排出相殺のいずれかを辿ることになり、その大宗は①となる。つまり、化石燃料を②や③の対策で現在の規模のまま維持するのではなく、まずは①で大きく減少させることから、「対策なし」を付けずに、「化石燃料からの転換」と表現できるのだ。さらに、「2020年代の取り組みを加速」と念押しすることで、①の優先度が高いことを示した。

他方、②と③も含むエネルギー全体に関しては、「ゼロ炭素や低炭素の燃料を活用しながら、2050年までにエネルギーシステムをネットゼロ排出にする」と掲げたうえで、CCSや除去技術の加速を謳った。①～③の全てを、①が大宗であるとの全体観を踏まえながら、合意に反映したのである。

また、議長国UAEが賛同国を募った「再エネ3倍、エネルギー効率の改善率2倍」も盛り込まれ、原子力や低炭素水素も推進すべき技術と位置づけられた。石炭については、「対策なしの石炭火力を段階的に削減」という過去の合意を踏襲した。

注目すべきは、エネルギーに関するこれらの合意事項は全て、世界全体での努力であって、そのなかで各国がどう貢献するかは、「それぞれの国が自国で決定する」と、明確に書き込まれたことである。つまり、化石燃料からの転換などが、自国の取り組みに直結しないように防御線が張られたのだ。この構造は、世界全体で温度目標を掲げつつも、各国の削減目標はそれぞれの国が自国で決定するNDC方式と同じであり、新興国と産油国の同意を得るためには、こうするしかなかった。前年までのCOPで見られた分断が埋まってはいないことの証左である。エネルギーを巡る国家間の隔たりは、COPの合意だけで解消できるような簡単なものではない。

実は小島嶼国連合は、決定の「採択後」にこの内容では弱すぎるとして反対した。採択時には本会議場に到着していなかったと前置きしつつ、本来は「採択前」に述べる予定であったものとの位置づけで、反対の声明を読み上げた。仮に採択前に発言していれば、明確な反対なので、決定を採択できなかっただろう。小島嶼国連合が本会議場にいなかったという形を取ったのは、採択を妨げないための配慮であると思われ、立場の苦しさを見て取れる。他方で、産油国の連合体であるOPECは、後日、COP28の結果を前向きなものとして賞賛した。合意を得たとはいえ、国家間の亀裂の深さを窺うことができる。

3　移行の多様性と国際協力

国際協力の必要性と日本の役割

G7やCOPで玉虫色の妥協を重ねているだけでは、エネルギーの脱炭素化は実現しない。各国はパリ協定のもとでのNDCを達成すべく、自国のなかで脱炭素化を進めなければならない。

ただ、それだけでは不十分で、国際協力も必要となる。日本は国内のエネルギー資源が相対的に乏しく、他国よりも選択肢の幅を広げなければならない国情があり、水素・アンモニアも含めて、エネルギーの脱炭素化の選択肢を幅広く追求している。加えて、クリーンエネルギー機器の製造に不可欠な重要鉱物も輸入に頼っており、これらのサプライチェーンを確立するための「資源外交」が必須となる。

同時に、エネルギー需要の増大と脱炭素化の両立という難題を抱える途上国への「支援」も、世界全体の脱炭素化のためには不可欠である。日本はアジアで唯一のG7メンバーという特殊な立ち位置の国で、地理的に近いアジアへの支援で、独自の役割を果たすことができる。その際、脱炭素化に向けたエネルギーの移行のあり様は、その国の資源賦存や経済発展の段階などに依存して一様ではなく、国際協力の内容も、相手国次第となる。

重要鉱物の資源外交

これまでの資源外交は、主として、石油・天然ガス・石炭といった化石燃料の確保を目的としていた。しかし、脱炭素化が進むなかで、資源外交の役割は変わる。具体的には、①再エネ機器や蓄電池の製造に必要な重要鉱物と、②水素などの新燃料の確保が求められ、これまでとは異なる戦略が必要となる。一つずつ見ていこう。

一つ目の重要鉱物については、中国への過度な依存の回避が課題となる。依存を続けていると、輸出制限に対して脆弱になってしまい、中国側がそれを経済的な威圧の手段として用いかねないためである。まず、中国の市場シェアを確認しよう。

電気自動車のモーターや風力タービンに使用されるネオジムなどのレアアースは、中国が鉱石の産出から製錬まで一貫してシェアが高い。2010年に日中関係が不安定化した際には、日本に対してレアアースの輸出制限をかけたことがあった。

また、電気自動車のバッテリーに使用されるリチウムとコバルトは、中国での鉱石生産は限定的であるものの、中国資本の企業が外国の鉱山の権益を有し、大量の鉱石を中国に輸出している。その結果、製錬段階では中国企業の市場シェアが高い。

同じくバッテリーに使用するニッケルも、中国企業のシェアが鉱山権益と製錬の両面で高まっている。この背景には、インドネシアの「資源ナショナリズム」への速やかな対応があった。インドネシアはニッケル鉱石を多く産出し、2022年には世界全体の生産量の約半分を占めた。同国は2020年にニッケル鉱石の輸出を禁止し、インドネシア国内で製錬しなければ、国外にニッケルを持ち出せないようにした。中国企業はこの政策変更に速やかに対応し、現地の製錬所に投資した。それにあわせて、製錬後の中間製品の中国への輸出が急増した。

中国への依存度を低減し、サプライチェーンを強靭化するためには、供給国の多様化が必要となる。その一つの手段が、海外権益の獲得である。投資環境が安定している先進国（カナダ、オーストラリアなど）が相手国である場合、政府の役割は民間投資の側面支援に留まる。他方、アジア・南米・アフリカの国々が相手国である場合、政府間でのパートナーシップや能力構築支援を通じて、投資環境を整えることが求められる。

日本は経済安全保障法のもとでの「重要鉱物に係る安定供給確保を図るための取組方針」で、蓄電池に用いる鉱物について、2030年の確保目標として、リチウムは約10万トン、ニッケルは約9万トン、コバルトは約2万トンを掲げている。このほか、各種のレアアースにも同様の確保目標を設けている。これらの目標は、蓄電池やモーターなどのクリーンエネルギー製品の需要想定量に基づいて設定された。この目標達成のために、独立行政法人エネルギー・金属鉱物資源機構（JOGMEC）によるリスクマネー供給支援などを行っている。

同時に、供給源の多角化に関心を持つ国々の間での連携も有用である。たとえば、米国は2022年に鉱物安全保障パートナーシップを立ち上げ、日本を含む主要な先進国が加わった。資源国や民間企業と協力しながら、戦略的なプロジェクトへの投資の促進を狙う。特に強調されているのが、環境・社会・ガバナンス（ESG）に配慮した資源開発である。野放図な開発ではなく、鉱山や製錬所の周辺の地域社会にも利益が還流する好循環を生み出すことで、中国の対外投資に対抗しようとの意図がある。ESG重視の方針は、2023年のG7サミットの共同声明にも盛り込まれた。また、2023年5月には、インド太平洋経済枠組み（略称IPEF）のサプライチェーン協定が実質妥結し、重要物資の供給が途絶した際の参加国間の情報共有と支援授受の手続きが定められた。

こうした資源外交に加えて、国内でのリサイクル体制の確立や、重要鉱物をより汎用的な物質で代替する技術の開発なども、脆弱性を緩和するのに役立つ。

本来的には、資源国の輸出制限に関する問題は、WTOの紛争解決手続きにおいて、ルールに基づいて解決されるべきものである。実際、2010年に中国が日本に対してレアアースの輸出制限を課した際には、日本はWTOの紛争解決手続きを活用し、中国のWTOルール違反が認定された。これを受けて、中国は速やかに輸出制限を撤廃した。

ところが、同手続きは現在、機能不全に陥っている。米国がトランプ政権時代から、手続きのなかで二審を担う上級委員会の委員選任を拒否しているためだ。米国は共和党も民主党も、WTOの紛争解決手続きに強い不満を持っており、バイデン政権になっても、上級委員会の委員選任に応じなかった。

その結果、重要鉱物を巡る問題も、ルールに基づく解決が困難になっている。たとえば、インドネシアのニッケル鉱石の輸出禁止に対しては、EUが紛争解決手続きを用いており、一審に相当するパネルは、輸出制限はWTOルールに反すると判断した。しかし、インドネシア政府はこの判断を不服として、上級委員会に上訴し、そこで審理が止まったままとなっている。誰も最終的な判断を下せないのだ。そのため、インドネシアは現在も、輸出禁止を継続している。

水素の資源外交

脱炭素時代に必要となる二つ目の資源が水素である。水素は化石燃料を代替する物質として、発電の燃料、自動車の燃料、製鉄の原料などに用いることができる。さらに、水素をそのまま使うだけではなく、他の物質に転換して、化石燃料を置き換えることもできる。たとえば、大気中の窒素と化学反応させてアンモニアを合成し、発電用の燃料、船舶用の燃料、肥料の原料として使用できる。また、装置を使って回収した二酸化炭素と反応させることで合成燃料や合成メタンとなり、発電、都市ガス、自動車に用いることができる。このように、水素の用途は、アンモニアや合成燃料といった派生物質まで含めるとかなり広い。

現時点では、水素の製造コストは高く、輸送や貯蔵に技術的な課題もあることから、大量導入にはまだ適さない。しかし、水素以外の方法での脱炭素化が難しいケースが多々あることから、ネットゼロ排出を実現するには、いずれ大規模に必要となる。その時に向けて、まずは小規模に利用しながら、コスト低減や技術的課題の解決を進めることが求められる。日本政府の水素基本戦略は、2030年に最大300万トン、2050年に2000万トンの導入目標を掲げており、現在の200万トンから徐々に拡大する方針である。

水素は日本国内で製造できるものの、その生産能力には限りがある。たとえば、水を電気分解して水素を作る場合、日本では、そもそもの電気分解に必要な発電の、完全な脱炭素化が困難であるなかで、ゼロ排出の電気は貴重であり、水素生産に回せる余力が乏しい。化石燃料を分解して水素を生産する場合も、同時に発生する二酸化炭素を地中に埋めなければ、脱炭素化にならず、日本はそのための炭素貯留の適地が少ないという問題がある。

そうなると、輸入に頼らざるをえず、資源外交の出番となる。実は、輸入相手国として期待されるのが、中東の産油国である。化石燃料だけではなく、水素生産の適地でもあるためだ。たとえば、産出した天然ガスを水素と二酸化炭素に分解し、二酸化炭素を枯渇した油田やガス田に貯留すれば、排出なしで水素を生産できる。また、中東には日射条件の良い砂漠があるため、太陽光発電に向いており、その電気で再エネ水素を生産できる。化石燃料のほぼ全てを輸入に頼る日本は、これまで中東諸国と良好な関係を構築し、資源調達に役立ててきた。この関係の延長線上で、水素やその派生物質の確保につなげることが期待される。

２０２３年７月、岸田総理はサウジアラビア、ＵＡＥ、カタールを歴訪し、水素を含むクリーンエネルギー分野での協力を進めた。サウジアラビアとは、同国が提案した「クリーンエネルギー協力のためのライトハウス・イニシアティブ」という二国間の枠組みに賛同し、水素、アンモニア、合成燃料、重要鉱物について、協力案件を検討することになった。同年のＣＯＰ28の開催国ＵＡＥとは、気候変動に関する共同声明を発出し、水素やアンモニアの役割を強調したうえで、将来的にＵＡＥが日本にクリーンなアンモニアを供給することを歓迎するとした。

岸田総理の中東歴訪には、多数の民間企業が同行し、現地企業との協力覚書を様々な分野で取り交わした。そのなかの一つが、日本の商社・製鉄会社とＵＡＥの製鉄会社・港湾会社による「低炭素還元鉄」のサプライチェーン構築に向けた協業である。酸化鉄（ＦｅＯ）の塊である鉄鉱石から、鉄（Fe）を取り出す際には、通常、石炭由来のコークスで酸素（O）を除去する還元反応を行う。しかし、その際、コークスの炭素（C）が酸化鉄の酸素と結合し、二酸化炭素（CO_2）が発生する。UAEとの協力では、還元剤として天然ガスを使用し、その際に発生する二酸化炭素をCCSで地中に貯留しつつ、さらに技術が確立した際には、水素を還元剤として使用してゼロ排出とすることを目指す。取り出された還元鉄は日本に輸出し、日本側で製鉄用の原料として用いる。水素は海上輸送が技術的に容易ではなくコストもかかるが、還元鉄であれば輸送しやすい。還元鉄に形を変えた間接的な水素輸入とも捉えられる。

注意すべきは、中東から日本に至るシーレーン上には、チョークポイントと呼ばれるホルムズ海峡とマラッカ海峡が存在し、ここが封鎖されると供給途絶が起こりうることである。現在の中東からの化石燃料輸入と同様に、エネルギー安全保障上のリスクは残る。

水素の供給国は中東だけではない。米国、カナダ、オーストラリア、チリなどからの輸入も有力視される。特に米国は、2022年に成立したIRAのもとでクリーン水素の生産を強力に支援しており（第1章参照）、輸出向けの水素にもこの支援が適用される。つまり、米国側の負担で、水素を割安で調達できる可能性があるのだ。2032年までに建設開始した水素生産施設が減税対象となることから、これから2030年に向けて、投資拡大が期待される。

EUは、欧州委員会が2022年5月に発表した「リパワーEU」と呼ばれる脱ロシア依存のための計画で、再エネ由来の水素の導入量を、2030年までに域内産と輸入でそれぞれ1000万トンとの目標を立てている。二本立ての目標としているのは、域内産だけでは需要を賄えないからだ。地理的に近いアフリカ諸国からの水素輸入を検討しており、ドイツやイタリアなどがアフリカ諸国との協力を進めている。

公正なエネルギー移行パートナーシップ

国際協力のもう一つの柱は、途上国のエネルギーの脱炭素化への支援で、近年注目されているのは、公正なエネルギー移行パートナーシップ（Just Energy Transition Partnership：JETP）である。JETPは石炭火力への依存度が高い途上国に対する先進国問の協調支援プログラムで、2021年のCOP26の機会を捉えて、南アフリカに対する支援構想がJETPの名のもとに発表された。2022年には、インドネシアでのG20サミット開催に合わせて、同国に対するJETPも立ち上げられた。その後、ベトナムとセネガルへのJETPも開始した。

これらの4カ国に対するJETPは、それぞれに支援国が異なる。日本はこのうち、インドネシアとベトナムの支援国グループに加わり、特にインドネシアについては、米国とともに支援国グループを主導している。

インドネシアのJETPでは、2022年の立ち上げ時に、インドネシア側が電力部門の排出量を2030年までにピークアウトさせ、2050年までにネットゼロにすることと、全発電量に占める再エネの比率を2030年に34%以上にすることを目標とした。ただし、この目標はインドネシアが支援を得られることを条件とする。これに対し、支援国グループ側は、目標達成の手段として、石炭火力発電所の早期廃止や再エネの導入加速に対し、3～5年間で官民合わせて、200億ドルの資金を動員することを約束した。200億ドルのうち、100億ドルは支援国グループが支援し、残りは公的資金を呼び水とする民間資金の動員を見込む。

その後、インドネシア政府と支援国グループは協議を重ね、2023年11月に「包括的投資・政策計画」を発表した。2030年目標を達成するためには、970億ドルの投資が必要であり、このうちの約5分の1を、JETPの200億ドルで賄えるとした。

970億ドルの内訳は、①送配電に197億ドル、②石炭火力の早期閉鎖・改造に24億ドル、③地熱発電・水力発電・バイオマス発電（混焼を含む）に492億ドル、④太陽光発電・風力発電に257億ドルとなっている。③と④の再エネが大半を占めており、特に③が

5—5　JETP目標実現時のインドネシアの発電電力量構成（系統電力のみ）

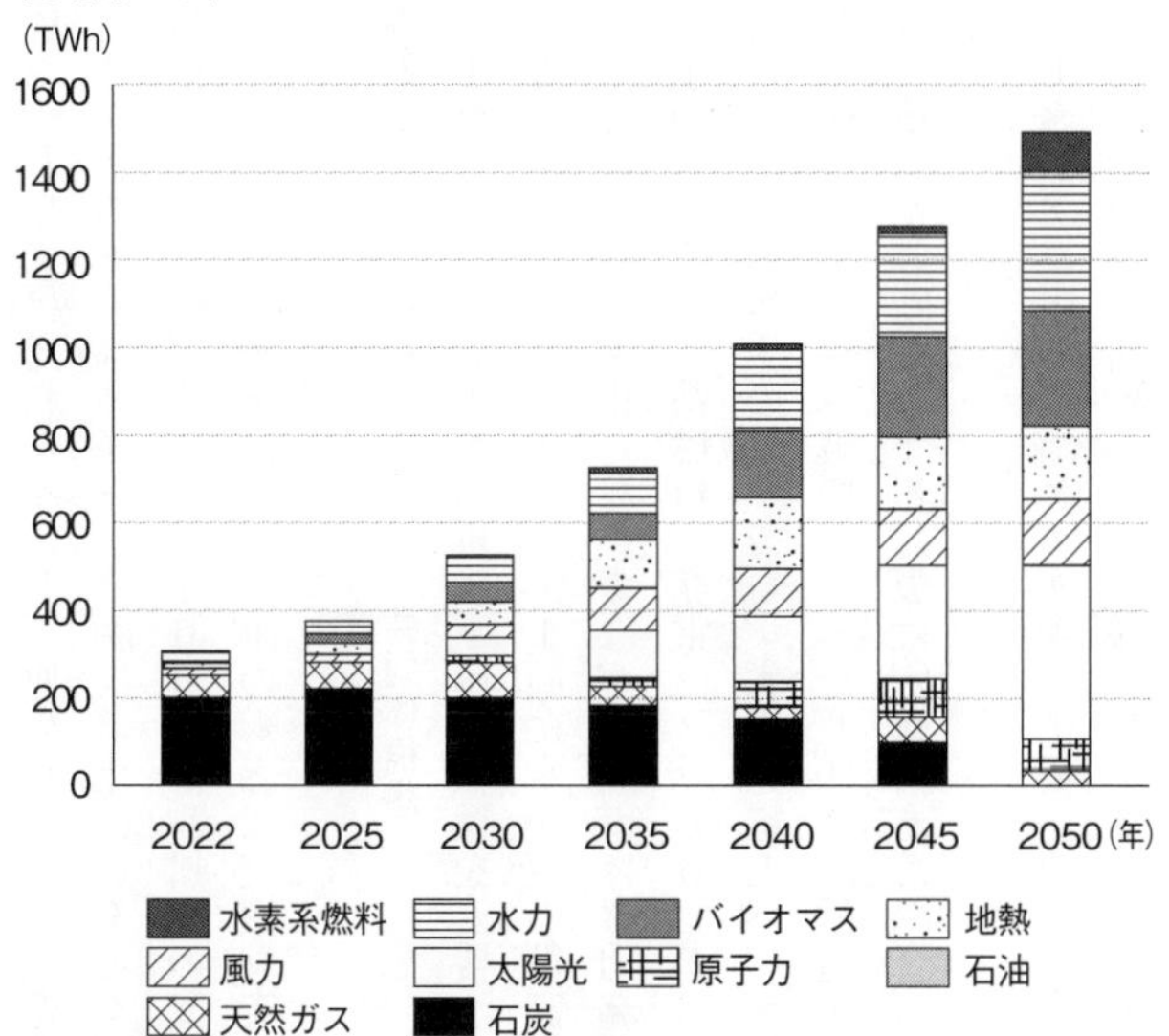

出典：インドネシアJETPの包括的投資・政策計画に掲載の図を一部改変

大きい。先進国で急速に普及しているのは、④の太陽光発電と風力発電である一方、インドネシアでは、電力需要が2050年までに3倍近くまで増大する可能性があり、この需要を満たすには、③の地熱発電・水力発電・バイオマス発電の拡大も必要になる。地理的にもポテンシャルは大きい（5—5）。

ただし、水力発電には、水没にともなう地域住民の移住や自然破壊のリスクがある。また、バイオマス発電には、大規模に導入する場合、間伐材や廃材の利用では燃料が不足し、原生林が燃料生産のために伐採されるリスクがある。開発の方法を誤ると、エネルギーの脱炭素化は進んでも、別の問題を引き起こしかねない。

支援国グループは、既に合計100億ドル以上の支援を約束しており、日本はこのうちの17億ドル分を担う。今後はこの計画のもとで支援を実行していくことが期待される。

日本のアジア・ゼロエミッション共同体構想

JETPは、石炭火力から再エネへの転換を支援する計画である一方、エネルギーの脱炭素化では、再エネ以外のエネルギー源にも一定の役割がある。5―5に示したように、インドネシアの電力脱炭素化のなかでは、天然ガス火力発電は2030年頃まで過渡的に増え続け、原子力発電と水素系燃料の発電は2050年が近づくなかで役割が出てくる。この図では、将来的に、再エネのなかでも、水力発電とバイオマス発電の役割が大きくなっている。しかし、住民移転や森林破壊といったリスクが付随することから、この規模で導入すべきなのかは、慎重な判断を要する。仮に困難である場合、水素系燃料の役割はこの図よりも大きくなろう。

インドネシアに限らず、エネルギー需要が急速に増大するアジアの国々で、供給量の拡大と脱炭素化を同時に進めるには、様々なエネルギー源を組み合わせる必要がある。日本は、この問題意識のもと、アジア・ゼロエミッション共同体（Asia Zero Emission Community：ＡＺＥＣ）という構想を提示し、東南アジアの国々及びオーストラリアに参加を呼び掛けた。２０２３年12月には、日本ＡＳＥＡＮ友好協力50周年特別首脳会議の一環として、ＡＺＥＣ首脳会議が開催され、共同声明が採択された。そのなかで、各国の状況や出発点は、産業構造、社会的背景、地理的条件、経済発展の段階といった点で異なり、その違いに応じて、ネットゼロ排出への道筋は多様となること、それゆえに多様なエネルギー源と技術の活用が重要であることを共有した。そのうえで、省エネ、再エネ、原子力、水素とその派生物質、バイオマス、ＣＣＳ、電化などの脱炭素化の選択肢を多数列挙し、具体的なプロジェクトの創出を通じて、官民連携や民間企業間の協力を促進していくことを確認した。また、移行期の燃料として、天然ガスとＬＮＧが果たす役割にも留意するとした。

ＡＺＥＣ構想のもとで支援が想定される技術の範囲は、ＪＥＴＰよりも広い。日本はＪＥＴＰとＡＺＥＣの二本立てで、相手国が置かれた状況に合わせた支援を提供することが期待される。

終　章

日本と世界が進むべき道

2023年５月に開催されたＧ７広島サミットセッションに臨む岸田文雄総理大臣、ジョー・バイデン米大統領、エマニュエル・マクロン仏大統領ら
出典◎首相官邸

本書は、気候変動を巡る国家間の協調・対立・妥協を、米国のパリ協定脱退と復帰（第1章）、排出削減目標（第2章）、産業と貿易（第3章）、金融（第4章）、エネルギー（第5章）といった諸相に分解して描き、そのなかでの日本の立ち位置や役割を論じてきた。各章はそのなかで議論が完結しているものの、横串を通すことで見えてくることもある。前章までの議論との重複を避けながら、日本と世界が進むべき道を簡潔に論じ、本書を締めくくる。

日本――複合的な立ち位置のマネジメント

本書で取り上げた日本の国際的な立ち位置は、複合的である。米国の同盟国（第1章）、G7・西側諸国の一員（第2章、第5章）、自由貿易の旗手、貿易立国する工業国（第3章）、G20の一員（第4章）、エネルギー資源が乏しい国、アジアの一員（第5章）と、実に多様だ。

難しいのは、全ての立ち位置が首尾一貫しているわけではなく、ある面を立てれば、別の面が立たなくなるトレードオフがあることだ。さらに、対米関係については、米国が民主党政権か、共和党政権かで求められる対応が大きく変わるなど、時間的な変化もある。

そのため、日本政府はどっちつかずの中途半端な対応に終始したり、状況の変化に右往左往したりするなど、日和見（ひよりみ）的な態度になりやすい。その結果として、政府は10年近くの長きにわたって、気候変動対策を強力に推進すべきとの立場からは「世界の潮流から取り残されている」と批判され、気候変動は深刻な問題ではないとの立場からは「無用なコストをかけて経済を弱体化する」と苦言を呈されてきた。立ち位置が複合的であるため、どの立場からも批判を受けやすいのだ。

それでも、近年、日本政府は2050年ネットゼロ排出を掲げ、複合的な立ち位置をこれと整合させようと努めている。もちろん、エネルギー資源が乏しい国情のなかで、貿易立国を支える製造業を維持しながら、ネットゼロ排出を実現するのは困難を極める。しかし、GXの名のもとに、脱炭素型の経済構造の実現に向けて、巨額の投資支援に踏み出し、炭素排出にコストを課すカーボンプライシングも導入する。移行金融や途上国支援にも積極的だ。とはいえ、従来の批判は止まず、「日本政府のGXは化石燃料の温存だ」との声も、「脱炭素は中国を利する亡国だ」との声も残っている。どちらも政府の取り組みの一部だけに着目すれば、的外れとも言い切れないのだが、全体としては、2050年の長期目標を定めたことで、様々な立ち位置の一貫性が以前より増したのは確かである。

この先の最大の課題は、脱炭素化の実現過程で生じる多大な経済的負担である。3—5に示したように、脱炭素製品は現行製品よりも割高であり、現行製品にもカーボンプライシングが課せられて値上がりするためだ。そして、その負担に対する国民の納得を得られなければば、脱炭素型の経済構造への転換は遠のき、２０５０年ネットゼロを軸に統合されかけていた対外的な立ち位置は、再び、ばらばらになってしまう。そして、日本の対応は漂流する。

この先、何十年にもわたって脱炭素化に取り組み続けるためには、経済的な負担について、国民的な合意形成を図ることが、いずれ不可避となる。第2章では、排出量取引の上限価格を用いて、国民や企業が受容可能な負担を示す私案を提示した。この方法であれ、別の方法であれ、負担への国民的な合意がなければ、国内の脱炭素化が進まず、国際社会のなかで、複合的な立ち位置を巧みにマネージし続けることは不可能となろう。

気がかりなのは、気候変動への国民の関心である。内閣府の世論調査（２０２３年実施）によれば、気候変動が引き起こす問題への関心度は、高齢層ほど高くなる。裏を返せば、20代や30代といった若年層の関心は相対的に低い（6―1）。「関心がある」と「ある程度関心がある」の合計は20代以下でも7割に達しており、関心度自体は高い。ただ、「関心がある」だけに絞れば、30代以下と70代以上では、倍の開きがある。環境問題以外の社会的なトピックや外交的なトピックに関する世論調査でも、若年層の関心が低くなる傾向はあるものの、気候変動に関しては、この傾向が顕著である。しかも、これは世界共通の傾向ではなく、たとえば米国の世論調査では、若年層ほど気候変動への心配度が高くなる傾向がある（6―2）。設問が異なるため単純には比較できないものの、日米の傾向差は非常に大きい。

6－1　気候変動が引き起こす問題への世代別関心度（日本）

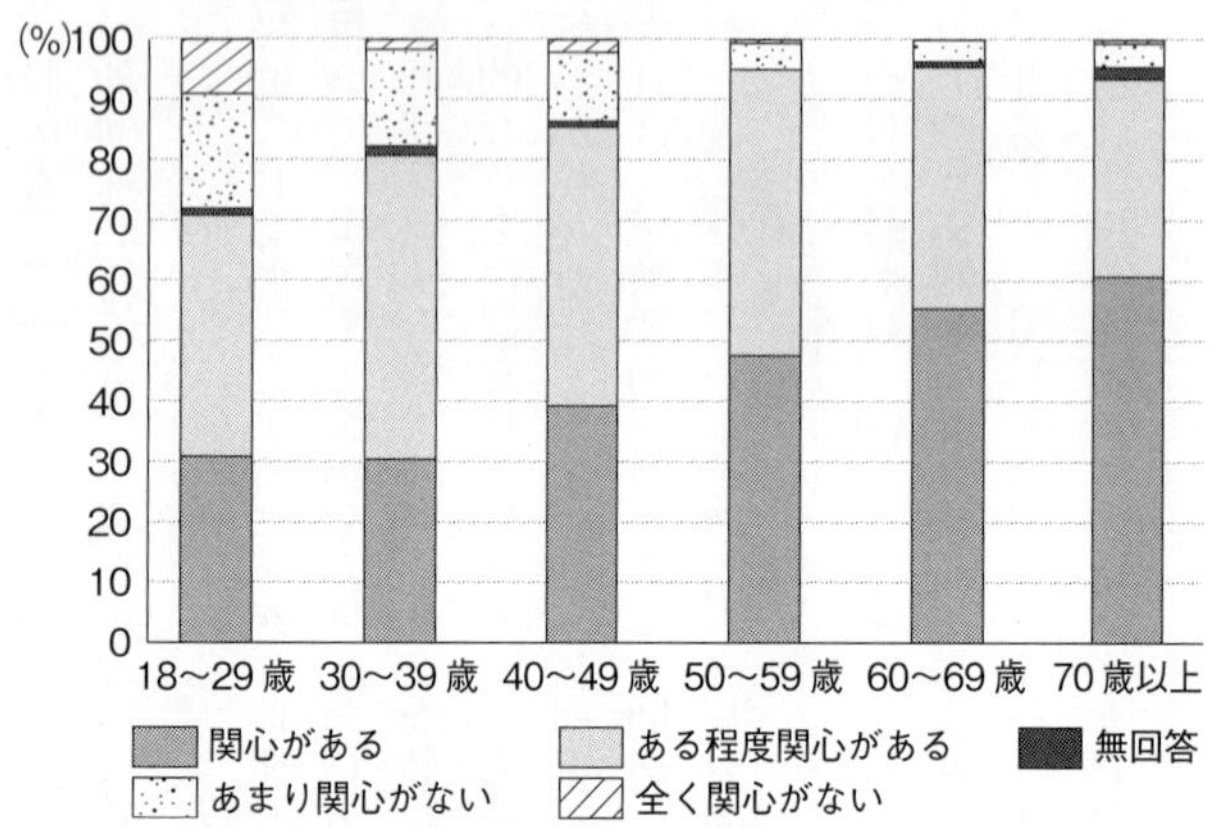

出典：内閣府（2023）「気候変動に関する世論調査」（2023年12月23日に利用）の回答結果に基づき、著者作図

6－2　気候変動への世代別心配度（米国）

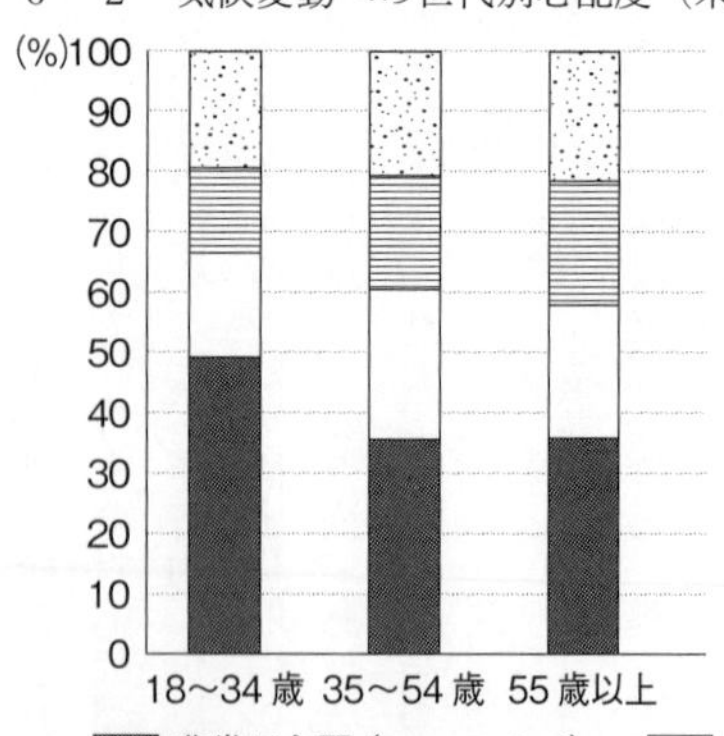

出典：Gallup社の世論調査（2023年3月1日～23日実施）の回答結果に基づき、著者作図

そして、脱炭素化の取り組みに長く関与する若年層の関心が相対的に弱いことは、費用負担への合意形成を困難にする可能性があり、このままでは複合的な立ち位置のマネジメントは難しくなろう。さらに、日米の若年層の関心差も踏まえると、将来的に気候変動を巡って、同盟国である米国との間で大きな乖離が生じるかもしれない。経済的な負担を議論することは、関心を喚起することにもつながる。由々しき事態に至る前に、世代間の関心のギャップを埋めながら、負担を巡る苦しい議論を乗り越える必要がある。

世界——パリ協定体制の堅持と強化

最後に、世界全体に目を向けよう。第1章から第5章まで、パリ協定時代の国際協調が多面的かつ複雑に揺れているさまを描いてきた。問うべきは、国際社会がこの延長線上で、気候変動問題に対処しきれるのかどうかである。もちろん、難しいと言わざるをえない。本書で見てきたように、問題構造が複雑化するなかで、国家間の合意形成が一層困難になっているためである。

特に、第2章（削減目標）と第5章（エネルギー）で顕著であったように、2020年代は、新興国・産油国の抵抗が強まっている。2―3に示したように、中国、インド、サウジアラビアなどの新興国・産油国も、ネットゼロ排出目標を設定しており、脱炭素化に背を向けているわけではない。それでも、先進国や脆弱国のように、温度目標を1・5℃だけに絞り込むことには、簡単には同意できない。さらに、西側諸国と中国の間には、経済安全保障を巡る緊張関係があり（第3章）、ロシアによるウクライナ侵略後のエネルギー情勢の混乱も続く（第5章）。これらも脱炭素化を巡る国際協調に影を落とす。

しかし、個々の局面での対立構造を脇に置き、結果だけをみれば、各国はNDCを強化し（第2章）、脱炭素化に向けた政府支援やカーボンプライシングを拡大し（第3章）、金融を通じた取り組みにも着手し（第4章）、COPの不文律を越えて化石燃料からの転換への合意を得た（第5章）。政権交代のたびに世界を振り回してきた米国の振れ幅も、IRAの成立で狭まりそうだ（第1章）。

もちろん、温度目標とNDCの乖離の解消（第2章）、自由貿易との両立（第3章）、金融リスク管理手法の開発（第4章）、エネルギーの脱炭素化（第5章）というように、困難な課題は多く残る。米国がパリ協定から再脱退するリスクもある（第1章）。ただ、パリ協定の採択後に、各国が積み重ねてきた前進を続けることで、課題の完全な解決まで至らないとしても、現状のさらなる改善は期待できよう。

したがって、国際社会がとるべき対応としては、パリ協定のNDC方式を継続しつつ、脱炭素化の実現に向けて、貿易・金融・エネルギーなどの側面からも協調を追求することが、今後も基本線となる。その際、国境炭素調整を通じた好循環への誘導（第3章）や、金融の分野で見られたようなグローバルガバナンスの様々な手法（第4章）など、パリ協定を外側から補完する新たなアプローチを積極的に試すべきである。また、脱炭素化の実現に向けた道筋が多様であることを踏まえ、エネルギー技術の選択肢を広げる国際的な努力も、特にアジアでは重要である（第5章）。

ここで注意すべきは、近年、一部の国で脱炭素化への強い反発が生じていることだ。第4章で取り上げた米国の反ESGは、その典型例である。欧州でも、農業従事者がEUの脱炭素政策や環境規制への反発を強め、2024年2月には、ドイツ、フランス、イタリア、スペイン、オランダ、ベルギー、ポーランドなど欧州全域で抗議活動を展開した。その際、道路をトラクターで埋め尽くす手法が取られ、視覚的なインパクトも強かった。気候変動対策が反発を招きやすいものへと変質しているのか、それとも、社会の分断がもともと存在し、脱炭素化が一方を喜ばせ、もう一方を苛立たせているだけなのか。どちらが現実に近いのかは判別しがたく、両者が混ざり合っているように見える。そして、各国での反発がさらに強まれば、パリ協定下での前進を、これまでのようには続けられないかもしれない。

本書でほぼ扱えなかったのは、気候変動がもたらす悪影響への対応である。第2章で取り上げたロス&ダメージも含め、パリ協定下での取り組みは、排出削減と比べると、深まっているとは言い難い。しかし、時間とともに悪影響は拡大し、対応の必要性は高まる。パリ協定がこの課題に有効に対処できないままに、もし温度上昇が1・5℃を大きく超え、影響が深刻化する事態となれば、パリ協定体制の正統性は揺らぐことになる。その時には、パリ協定に代わる新たな国際条約が必要となるかもしれない。

あとがき

18歳の時、理系の大学生だった私は、選択科目として「国際関係論」を履修した。その授業では、気候変動は典型的な囚人のジレンマ問題であって、国際協調が難しいと学んだ。協調が困難となるメカニズムは理解できる。しかし、国際協調がなければ、状況はどんどん悪化してしまう。国際社会はどうすれば、気候変動問題に有効に対処できるのか。この疑問は私の心を捉え、20歳で理系から国際関係論へと専門分野を転じ、今も奉職する電力中央研究所で20年にわたって研究を続けてきた。

その際に大切にしてきたのは、現実を丁寧に観察し、それを起点に考察を深めることだ。目の前の出来事がなぜ起きたのかを考え、その考えが正しいとすれば、次に何が起こるのかを予想し、予想通りとならなければ、自分の考えのどこが誤りであったのかを再考する。このサイクルを途切れなく繰り返すことで、気候変動の国際力学を捉える観察眼を磨いてきたつもりである。

本書はその過程で得た知見を、新書という手に取りやすい媒体で、気候変動対策に興味を持つ方々に届けたいと願って執筆した。近年、「２０５０年カーボンニュートラル」を契機として、経済界や金融界、さらには政府で気候変動に関わる方々が増えた。社会一般での関心も高まっている。そうした方々に、本書が少しでも役に立てば、望外の喜びである。

ここで、『グリーン戦争―気候変動の国際政治』というタイトルについて少し説明したい。本書の企画は、地球規模の課題といえども、きれいごとでは済まない気候変動の国際政治を、国家間の駆け引きに焦点を当てて描くことを目的に始まった。そして、その結果として仕上がった原稿は、国家間の協調・対立・妥協を万遍なく扱うものとなった。しかし、この原稿にどういうタイトルを付けるかは、簡単には決まらず難渋した。最後の最後に、今後も国家間の対立は容易には解消しないであろうことと、とはいえこの擬似的な戦争は必ず終わらせなければならないことを念頭にこのタイトルとした。

執筆にあたっては、多くの方々の支援を得た。電力中央研究所の田頭直人社会経済研究所長、鈴木夏子さん、若林雅代さん、富田基史さん、堀尾健太さん、筒井純一さんには草稿に目を通していただき、多くの助言を得た。また、坂本将吾さんには、第5章の図の作成に協力いただいた。経済産業省の佐志田峻明さんと日本エネルギー経済研究所の柳美樹さんには、第3章について専門的な観点からコメントを頂いた。ここに心より謝意を表したい。もちろん、ありうべき誤りの責は筆者に帰するものであり、また、本書で示した見解は筆者個人のものであることを申し添える。

中公新書編集部の工藤尚彦さんには、企画から細部の修正まで粘り強く伴走いただいたことに御礼申し上げる。特に筆者の初稿に対して鋭い指摘をいくつもいただき、その指摘に対応することを通じて、内容が明確になっていった。また、校正を担当いただいた尾澤孝さんと熊井貴子さんには、本書を仕上げる段階で精度の高い指摘を数多くいただいた。お二人にも深謝する。

最後に、日々の良き相談相手であり、いつも明るく応援してくれる妻と、これまでも息子の書き物をうれしそうに読んでくれた両親に感謝したい。

2024年5月

上野貴弘

終章　日本と世界が進むべき道
内閣府（2023）「気候変動に関する世論調査」.
Gallup News Service (2023), “Gallup Poll Social Series: Environment -Final Topline-”（Saad, L. (2023), “A Steady Six in 10 Say Global Warming’s Effects Have Begun,” Gallup から入手できるデータ）.

主要参考文献

Task Force on Climate-related Financial Disclosures (TCFD) (2023), "TCFD 2023 Status Report," TCFD.
United Nations Environment Programme Finance Initiative (UNEP FI), "History," https://www.unepfi.org/about/about-us/history/

第５章　エネルギーの脱炭素化と世界の分断

岩瀬昇（2023）『武器としてのエネルギー地政学』ビジネス社.
小山堅（2022）『エネルギーの地政学』朝日新書.
坂本将吾（2023）「脱炭素に向けた日本のエネルギーシステム転換―IPCC 第６次評価報告書のシナリオ群における共通性と多様性」『電力経済研究』No.69，19-37頁.
資源エネルギー庁資源・燃料部（2023）「GX を見据えた資源外交の指針」.
自然エネルギー財団（2023）「浮体式洋上風力事業化の加速に向けた提言」自然エネルギー財団.
高瀬香絵（2023）「なぜ石炭火力アンモニア混焼への投資が1.5℃に整合しないのか」自然エネルギー財団.
竹内純子（2022）『電力崩壊―戦略なき国家のエネルギー敗戦』日本経済新聞出版.
地球環境産業技術研究機構（RITE）システム研究グループ（2024）「カーボンニュートラルに向けたトランジションロードマップの策定（2023年度版）」RITE.
十市勉（2023）『再生可能エネルギーの地政学』エネルギーフォーラム.
原田大輔（2023）『エネルギー危機の深層―ロシア・ウクライナ戦争と石油ガス資源の未来』ちくま新書.
平田仁子（2022）「アンモニア利用への壮大な計画―迷走する日本の脱炭素」Climate Integrate.
堀尾健太（2024）「パリ協定に基づく第１回グローバルストックテイクの成果―COP28における決定とその解釈」電力中央研究所社会経済研究所 Discussion Paper 23006.
IEA (2021), "Net Zero by 2050 – A Roadmap for the Global Energy Sector," IEA.
IEA (2023), "Net Zero Roadmap – A Global Pathway to Keep the 1.5℃ Goal in Reach," IEA.
Intergovernmental Panel on Climate Change (IPCC) (2022), "Climate Change 2022: Mitigation of Climate Change," Working Group III contribution to the Sixth Assessment Report of IPCC.
Just Energy Transition Partnership Indonesia (2023), "Comprehensive Investment and Policy Plan 2023."

Vogel, David (1995), *Trading Up – Consumer and Environmental Regulation in a Global Economy*, Cambridge, Massachusetts: Harvard University Press.
Wong, F. and T.N. Tucker (2023), "A Tale of Two Industrial Policies – How America and Europe Can Turn Trade Tensions into Climate Progress," *Foreign Affairs*, January 26, 2023.

第４章　金融と気候変動のグローバルガバナンス

経済産業省「トランジション・ファイナンス」https://www.meti.go.jp/policy/energy_environment/global_warming/transition_finance.html
シューメイカー，ディアーク、ウィアラム・シュローモーダ（2020）『サステナブルファイナンス原論』加藤晃（監訳），きんざい.
富田基史・堀尾健太（2022）「EU タクソノミーにおける気候変動の緩和―主要セクターのスクリーニング基準の分析」電力中央研究所報告 SE21001.
内閣官房・金融庁・財務省・経済産業省・環境省（2023）「クライメート・トランジション・ボンド・フレームワーク」.
西谷真規子・山田高敬（編著）（2021）『新時代のグローバル・ガバナンス論―制度・過程・行為主体』ミネルヴァ書房.
藤井良広（2021）『サステナブルファイナンス攻防―理念の追求と市場の覇権』きんざい.
ブラッドフォード，アニュ（2022）『ブリュッセル効果 EU の覇権戦略―いかに世界を支配しているのか』庄司克宏（監訳），白水社.
堀尾健太・富田基史（2023）「EU タクソノミーにおける天然ガスと原子力―「トランジショナルな活動」に位置づけられた経緯とスクリーニング基準の分析」電力中央研究所報告 SE22003.
南博・稲葉雅紀（2020）『SDGs―危機の時代の羅針盤』岩波新書.
Carney, M. (2015), "Breaking the Tragedy of the Horizon – Climate Change and Financial Stability," speech, Bank of England.
Financial Stability Board (FSB) and Network for Greening the Financial System (NGFS) (2022), "Climate Scenario Analysis by Jurisdictions: Initial Findings and Lessons," FSB.
Glasgow Financial Alliance for Net Zero (GFANZ) (2023), "2023 Progress Report," GFANZ.
Hearn, D., C. Hanawalt and L. Sachs (2023), "Antitrust and Sustainability: A Landscape Analysis," Columbia Center on Sustainable Investment and Sabin Center for Climate Change Law.
International Platform on Sustainable Finance (IPSF) Taxonomy Working Group (2022), "Common Ground Taxonomy – Climate Change Mitigation: Instruction Report," IPSF.

資」電力中央研究所社会経済研究所 Discussion Paper 22009.
上野貴弘（2023）「EU の炭素国境調整メカニズム（CBAM）規則の解説」電力中央研究所社会経済研究所 Discussion Paper 23002.
川瀬剛志（2022）「国境税調整と WTO ルール―EU CBAM 提案を題材に」日本国際問題研究所公開ウェビナー「SDGs 時代の貿易と環境～どうなる炭素国境調整措置（CBAM）～」.
経済産業省（2022）『令和 4 年版通商白書』（※第 2 章第 4 節に中国政府の産業支援に関する記載あり）.
経済産業省通商政策局（編）（2022）『2022年版不公正貿易報告書』（※第 II 部総論に炭素国境調整に関する記載あり）.
ソリース，ミレヤ（2019）『貿易国家のジレンマ―日本・アメリカとアジア太平洋秩序の構築』浦田秀次郎（監訳）・岡本次郎（訳），日本経済新聞出版（Solis, M. (2017), *Dilemmas of a Trading Nation: Japan and the United States in the Evolving Asia-Pacific Order*, Washington, D.C.: The Brookings Institution Press）.
米谷三以・藤井康次郎・平家正博・D.A. Moris Orellana（2023）「EU による中国製 EV に対する CVD 調査について―日本の自動車関連産業への示唆」独禁／通商・経済安全保障ニューズレター，Nishimura & Asahi.
柳美樹（2022）「脱炭素と貿易の課題―炭素の国境調整措置を中心に」一般財団法人国際経済交流財団（編）『国際経済シリーズ 1　ルール志向の国際経済システム構築に向けて』一般財団法人国際経済交流財団, 138-150頁.
Bacchus, J. (2022), *Trade Links – New Rules for a New World*, Cambridge: Cambridge University Press.
Hillman, J.A. (2013), “Changing Climate for Carbon Taxes: Who’s Afraid of the WTO?” Climate & Energy Policy Paper Series, The German Marshall Fund of the United States.
International Energy Agency (IEA) (2023), “Energy Technology Perspectives 2023,” IEA.
Marcu, A., M. Mehling, A. Cosbey, and A. Maratou (2022), “Border Carbon Adjustment in the EU: Treatment of Exports in the CBAM,” European Roundtable on Climate Change and Sustainable Transition.
Mehling, M., H. Van Asselt, K. Das, S. Droege and C. Verkuijl (2019), “Designing Border Carbon Adjustments for Enhanced Climate Action,” *American Journal of International Law*, 113(3): 433-481.
Perlman, R.L. (2020), “The Domestic Impact of International Standards,” *International Studies Quarterly*, 64(3): 600-608.
Porterfield, M.C. (2019), “Border Adjustments for Carbon Taxes, PPMs, and the WTO,” *University of Pennsylvania Journal of International Law*, 41(1): 1-41.

動向—COP20の結果と2015年合意に向けた課題」電力中央研究所報告 Y14020.
上野貴弘（2016）「COP21パリ協定の概要と分析・評価」電力中央研究所報告 Y15017.
上野貴弘（2019）「COP24とパリ協定実施指針の解説」電力中央研究所社会経済研究所 Discussion Paper 18002.
地球環境戦略研究機関（2018）「パリ協定の解説」（※主に環境省の関係者がパリ協定の条文を交渉経緯まで遡って、詳細に解説したもの）.
筒井純一（2019）「温度目標と整合的な中長期の排出水準に関する IPCC の評価—1.5℃特別報告書と第５次評価報告書の比較」電力中央研究所報告 V18002.
ノードハウス，ウィリアム（2023）『グリーン経済学—つながっているけど、混み合いすぎて、対立ばかりの世界を解決する環境思考』江口泰子（訳），みすず書房（Nordhaus, W. (2021), *The Sprit of Green*, Princeton: Princeton University Press）.
吉田綾（2022）「地球規模課題に関するルールメイキング及び実施についての比較検討—パリ協定と SDGs の分析」中川淳司・米谷三以編著『国際経済ルールの戦略的利用を学ぶ』文眞堂，220-234頁.
Biniaz, S. (2016), "Comma but Differentiated Responsibilities: Punctuation and 30 Other Ways Negotiators Have Resolved Issues in the International Climate Change Regime," *Michigan Journal of Environmental and Administrative Law*, 6(1): 37-63.
EDGAR (Emissions Database for Global Atmospheric Research) Community (2023), "GHG Database."
Institute of Climate Change and Sustainable Development of Tsinghua University et al. (2022), *China's Long-Term Low-Carbon Development Strategies and Pathways - Comprehensive Report*, Singapore: Springer Singapore.
Jepsen, H., M. Lundgren, K. Monheim, and H. Walker (2021), *Negotiating the Paris Agreement – The Insider Stories*, Cambridge: Cambridge University Press.
Purvis, N. (2008), "Paving the Way for U.S. Climate Leadership: The Case for Executive Agreements and Climate Protection Authority," Resources for the Future Discussion Paper, RFF DP08-09.

第３章　グリーン貿易戦争

有村俊秀・蓬田守弘・川瀬剛志（編）（2012）『地球温暖化対策と国際貿易—排出量取引と国境調整措置をめぐる経済学・法学的分析』東京大学出版会.
上野貴弘（2022）「米国「インフレ抑制法」における気候変動関連投

主要参考文献

第１章　米国のパリ協定脱退と復帰

上野貴弘（2016）「オバマ政権第二期の気候変動対策と今後の行方」『アジ研ワールド・トレンド』No.246，8-11頁.

上野貴弘（2018）「トランプ大統領のパリ協定脱退表明をどう捉えるか」『電力経済研究』No.65，67-81頁.

上野貴弘（2021）「バイデン構想を左右する民主党内の合意形成」『外交』Vol.67，66-69頁.

若林雅代・上野貴弘（2016）「米国火力発電所 CO_2 排出規制 Clean Power Plan の事前評価」電力中央研究所報告 Y15005.

Biniaz, S. and D. Bodansky (2017), "Legal Issues Related to the Paris Agreement," Center for Climate and Energy Solutions.

Bistline, J. et al. (2023), "Emissions and Energy Impacts of the Inflation Reduction Act," *Science*, 380: 1324-1327.

Galbraith, J. (2020), "Rejoining Treaties," *Virginia Law Review*, 106(1): 73-125.

Jenkins, J.D., J. Farbes, R. Jones, N. Patankar, and G. Schivley (2022), "Electricity Transmission is Key to Unlock the Full Potential of the Inflation Reduction Act," REPEAT Project, Princeton University ZERO LAB.

Ostrom, E. (2010), "Polycentric Systems for Coping with Collective Action and Global Environmental Change," *Global Environmental Change*, 20(4): 550-557.

U.S. Department of Energy (DOE) (2023), "Investing in American Energy: Significant Impacts of the Inflation Reduction Act and Bipartisan Infrastructure Law on the U.S. Energy Economy and Emissions Reductions," U.S. DOE.

U.S. DOE, "Building America's Clean Energy Future," https://www.energy.gov/invest（※民間企業のクリーンエネルギーへの投資計画を地図上に表示し、統計データを提供）.

第２章　削減目標外交の攻防

有馬純（2015）『地球温暖化交渉の真実―国益をかけた経済戦争』中央公論新社.

上野貴弘（2015）「2020年以降の温暖化対策の国際枠組みに関する交渉

図表作成　ケー・アイ・プランニング

上野貴弘（うえの・たかひろ）

1979年，東京都生まれ．2002年，東京大学教養学部卒業．04年，東京大学大学院総合文化研究科国際社会科学専攻修士課程修了後，一般財団法人電力中央研究所に入所．現在，同研究所上席研究員．研究分野は地球温暖化対策．経済産業省及び環境省の各種検討会（カーボンプライシング，グリーン金融，移行金融など）の委員を務め，COP には通算16回参加．06～07年，米・未来資源研究所客員研究員．

編著書『狙われる日本の環境技術—競争力強化と温暖化交渉への処方箋』（エネルギーフォーラム，2013年）

共訳書『サステナブルファイナンス原論』（きんざい，2020年）

グリーン戦争（せんそう）
——気候変動（きこうへんどう）の国際政治（こくさいせいじ）

中公新書 *2807*

2024年6月25日発行

著　者　上野貴弘
発行者　安部順一

本文印刷　三晃印刷
カバー印刷　大熊整美堂
製　本　小泉製本

発行所　中央公論新社
〒100-8152
東京都千代田区大手町 1-7-1
電話　販売 03-5299-1730
　　　編集 03-5299-1830
URL https://www.chuko.co.jp/

Published by CHUOKORON-SHINSHA, INC.
Printed in Japan　ISBN978-4-12-102807-5 C1231

中公新書刊行のことば

一九六二年一一月

いまからちょうど五世紀まえ、グーテンベルクが近代印刷術を発明したとき、書物の大量生産は潜在的可能性を獲得し、いまからちょうど一世紀まえ、世界のおもな文明国で義務教育制度が採用されたとき、書物の大量需要の潜在性が形成された。この二つの潜在性がはげしく現実化したのが現代である。

いまや、書物によって視野を拡大し、変りゆく世界に豊かに対応しようとする強い要求を私たちは抑えることができない。この要求にこたえる義務を、今日の書物は背負っている。だが、その義務は、たんに専門的知識の通俗化をはかることによって果たされるものでもなく、通俗的好奇心にうったえて、いたずらに発行部数の巨大さを誇ることによって果たされるものでもない。現代を真摯に生きようとする読者に、真に知るに価いする知識だけを選びだして提供すること、これが中公新書の最大の目標である。

私たちは、知識として錯覚しているものによってしばしば動かされ、裏切られる。私たちは、作為によってあたえられた知識のうえに生きることがあまりに多く、ゆるぎない事実を通して思索することがあまりにすくない。中公新書が、その一貫した特色として自らに課すものは、この事実のみの持つ無条件の説得力を発揮させることである。現代にあらたな意味を投げかけるべく待機している過去の歴史的事実もまた、中公新書によって数多く発掘されるであろう。

中公新書は、現代を自らの眼で見つめようとする、逞しい知的な読者の活力となることを欲している。

中公新書

現代史

f3